人生苦短 把日子过好最重要

（美）奥里森·马登——著
徐慧——译

应急管理出版社
·北京·

图书在版编目（CIP）数据

人生苦短，把日子过好最重要 /（美）奥里森·马登著；徐慧译. -- 北京：应急管理出版社，2019

ISBN 978-7-5020-5701-5

Ⅰ. ①人… Ⅱ. ①奥… ②徐… Ⅲ. ①人生哲学—通俗读物 Ⅳ. ①B821-49

中国版本图书馆 CIP 数据核字（2019）第 065920 号

人生苦短，把日子过好最重要

著　　者　（美）奥里森·马登
译　　者　徐　慧
责任编辑　高红勤
封面设计　刘红刚

出版发行　应急管理出版社（北京市朝阳区芍药居 35 号　100029）
电　　话　010-84657898（总编室）　010-84657880（读者服务部）
网　　址　www. cciph. com. cn
印　　刷　北京楠萍印刷有限公司
经　　销　全国新华书店

开　　本　880mm×1230mm 1/32　**印张**　7　**字数**　140 千字
版　　次　2019 年 7 月第 1 版　2019 年 7 月第 1 次印刷
社内编号　20181756　**定价**　35.00 元

目　录

第一章

你这么拼可不行，得学会劳逸结合

休息时，请放下工作

许多人有夜里还继续思考工作问题的坏习惯。他们白天一直精神高度紧张地努力工作，晚上仍无法走出这种紧张状态，回到家后仍在思考着工作，这真的不是明智之人该有的做法。他们为了那些本该在办公室处理的工作，耽误了陪伴家人的时间。

一味忙于工作而不注意休息会带给我们无穷的灾难。一刻不停地拼搏，直到大脑因使用过度而罢工、办事能力直线下降、判断力越来越差，这是世界上最愚蠢的行为。人在疲惫不堪的情况下会变得思维混乱，精神也处于极大的折磨之中，根本不可能做出什么成绩来。在精神极度疲乏时仍不去休息、坚持工作的人是最可悲的。可是这些人却不懂这个道理。

如果你在下班离开办公室后还坚持工作，往往会备受打击，因为此时你还未从巨大的工作压力中走出来，精神也处于极度疲劳的状态。要想改变这种状况，你就必须更新自己的精神面貌，把不好的精神状态如同旧衣物一般抛弃，像穿上新衣般换上崭新的精神面貌。我们回家的目的就是恢复体力及脑力，只有利用好夜晚的休息时间，我们才能在第二天更好地完成工作。回家后仍继续工作只会加重你的疲劳感。

在家里，我们应该把宝贵的时间和精力花在值得的事情上。若花在工作上就是一种浪费，并且会导致你第二天的工作更没效率。晚上应该用来休息而不是继续工作，我们应该在这时放松一下自我，陪陪家人朋友，休息或者娱乐一下。如果因加班工作而睡眠不足，会使你第二天的精力及体力都有所下降。

如果你晚上回家时一脸严肃或一脸沮丧、忧心忡忡、焦虑不安，那么家里热情、欢乐的气氛都会被你破坏掉。要想让家人得到很好的休息，就必须在回家前抛开一切烦恼。每年之所以有那么多人出现不同程度的精神问题，正是因为他们没有得到很好的休息。

长时间思考复杂的事情会使我们的思维变得凝滞，遇到这种状况，我们应学会摆脱。当我们的思维处于单一状态的时间过长时，就会失去原有的敏锐性及均衡性，变得缓慢、呆板、迷糊。古印第安人明白一个道理：长时间张着的弓必定会失去弹性及杀伤力。所以他们有一个习俗，即在看到敌人之前绝不先张弓。

生活中有很多人误以为自己拥有无穷的精力，可以持续不断地应对困难。所以他们总是处在紧张忙碌的工作状态中。他们在任何时间、任何地点都在忙着工作，无论是工作时间还是休息时间，无论是在公司、家里还是在火车、飞机上。人们会对他们未老先衰的样子毫不意外。

所以，我要奉劝那些工作卖力之人，请把你工作上的烦恼、忧虑在下班锁门时一起锁进去。把忧虑的情绪带回家并带入娱乐中去，得不偿失，千万不要这么做。当你打开家门的时候，应提醒自己忘掉工作上的烦恼及忧虑，并禁止自己在此考虑及谈论工作上的事。

你一天的工作应在下班锁门的那一刻彻底结束。在家里仍想着工作上的事是没有任何好处的，不管你是为自己所做的工作不停反省，为没能做到之事备感遗憾，为第二天的工作不断规划，还是为当天工作中遇到的问题反复思考。明智的人是不会在一天的工作完成后还继续想着它的。在公司做完工作以后再回家吧，不要用你的疲劳阴霾遮掩了家里幸福的阳光。

飞利浦·阿莫尔做事非常有效率。每天离开公司以后，他便不会再工作。将工作带回家，可不是他的风格。他知道，良好的休息才是工作的保障，否则只会自讨苦吃。没有人会喜欢一个整天唠叨自己工作烦恼的人，如果你是这样的人，那就要注意了，这种行为会赶走很多朋友。另外，人们也不愿与每天都满面倦容的人打交道。工作是工作，生活是生活，我们要做的，便是在合适的时间做合适的事情，切勿让二者混淆不清。

我们应坚信自己已尽全力去完成一天的工作，并且取得了满意的成果。只有如此，我们才能在晚上回家后不再被工作带来的烦恼和忧虑所困扰。白天完成了的工作已成过去，无论我们多么担忧和焦虑也不可能挽回。

很多生意人总是对曾经的错误感到忧虑、烦恼，悔不当初，为此浪费了大量的时间与精力。他们并没有认识到，其实这种做法一点也不能帮助他们把工作完成好。

频频回顾过去只会影响你现在的工作。我们只需全力完成当天的工作，过好每一个可以掌控的今天，便不会留下遗憾，也不用担忧明天。

我们在家就应该好好享受家庭生活。回家后就不要再把精力浪费在工作上了，不要去懊悔白天工作中的过失并想着如何做得更好，这只会让你一直处于疲劳状态。这种做法只会浪费更多宝贵的时间与精力，大家都应该认识到这一点。我们不妨整理一下自己的思路，想想这样做真的对自己有利吗？我们在白天很好地完成了工作后，晚上又何必要再在这上面浪费时间？即使白天没把工作做好，我们在晚上为此悔恨、沮丧就有用吗？应该只会更影响第二天的工作吧。面对曾经的过失，我们要做的是尽力去弥补，一味伤心感怀是没有任何用处的。

我每晚都能看到很多人一脸焦虑地走在下班回家的路

上。这些人显然还沉浸在白天的工作中，思考着如何挽回白天工作中的过失。这种做法非常愚蠢，只会令他们更加苦恼，他们将陷入回忆的痛苦中无法脱身。晚上的休息是为了第二天更好地工作，白天的工作完成得好不好都应该放下。

当我们结束了一天的工作、疲惫不堪地回到家时，应该具有这样的心态："这是我的精神家园，它提供给我继续工作的精神力量，使我恢复体力与脑力，找回勇气，重获新生。在这个地方，我将焕然一新，重新燃起高昂的斗志，找回自信，获得改变，积累起成功的资本。"

明智之人会等待精力恢复后再精神饱满地去迎接工作的到来，从而赢得主动权。如果你能合理利用自己的时间，不把精力浪费在烦恼和忧虑上的话，必定会收获颇丰。我们应该明白，身心俱疲的状态下注定会失败，而晚上回家仍忙着处理白天的工作，等于是在否定白天所做的工作。

疲惫时，学会给自己放假

有这样一句谚语："多去乡下走一走，胜过花钱上医院。"聪明人都会这么做，他们把合理的休息当作保持身体健康的最佳方式。有些人身体很好，很少去看医生，因为他们懂得多给自己放假，锻炼身体，劳逸结合。

拼命工作、从不休息的人是哪个城市都不缺的。然而他们最后往往还是毫无建树，尽管他们已经把所有时间都投入到辛勤工作中去了。有些商人无论严冬酷暑都辛苦工作，常年的操劳使得他们的面容憔悴不堪；有些作家为了写出优秀的作品，不惜费尽心力地连续奋斗好几个月，但最后不仅没有如愿，还弄垮了自己的身体；有些律师和医生为了工作终日奔波劳碌，使得他们疲惫而又早衰；有些家庭主妇为了家务琐事操劳不已，以致脸上早早地布满了皱纹；有些学生为了提高学习成绩而没日没夜地勤学苦读，把自己弄得满身疲惫、双眼迷茫，看着真是让人心疼不已……多给自己放放假吧，只有得到充分的休息，我们的身体才能保持健康。

假如有人总是挥鞭策马，让马不停地奔跑，不让它休息，也不喂它草料，那么那匹马就会越跑越慢，直到再也无法动弹为止。如果一个歌唱家不停地唱歌，那么他很快就无法再唱下去了。

工作出色的人，往往是那些懂得休息的人。当不停地忙碌时，适当地休息一下很有必要，因为那样可以让头脑保持冷静。有些人在工作中经常出现手忙脚乱的现象，如果能够采取抓重点的战略,那么就能够避免上述情况出现。当你的身上背负着很大的压力时，你最好的选择就是先停下来休息一下，明确目标，制订切实可行的计划，然后一步一步地去执行。只有这样，才能够把事情办好。因为，要想使事情保持良好的发展趋势，只有一腔热情而不去思考是不行的，必须在经过缜密思考后制订出周详的计划，然后再按照计划一步一步去实施。那些有远大抱负的人都具有独特的人格魅力，他们即使是做一个平凡的铁匠也将成就不平凡的事业，因为他们自身的优秀品质就是他们前进的动力。

聪明人将休息看得极为重要，他们会想方设法让自己的身心得到休息。他们会在结束了辛苦的工作后，将工作及学习完全抛开，以轻松的心态去使自己的身心得到充足的休息。这样，他们才能精神饱满、头脑清醒、体格强健地重新投入到工作中去。

每年休一次年假，这是世界上最超值的投资。因为我们只需花费很少的一段时间，精力与体力就会重新变得充沛起来，我们便能重新拥有对抗一切难题的力量。

有一条可以帮助我们获取成功的黄金法则：每年至少出去度一次假。然而很可悲的是，很多人往往辛苦一整年也没有一次度假的机会。他们或许是因为收入低，没钱去进行昂贵的旅行；也可能是因为工作安排不当导致挤不出时间来；又或者担心自己的离开会造成工作上的巨大损失。我们的前途其实并不会因为暂时离开而受到影响，只要我们能将一切工作处理得井井有条，就完全不必有这种顾虑。

休假能够促进我们的成功，提供给我们许多生命的财富，例如愉快的精神状态、健康的身体。而获得这一切，我们只需花费少量的时间与金钱即可，这真是一种高回报的投资。

有这样一句谚语："处在病痛中的人看谁都是坏人。"即使是本性善良之人也是如此，他们生病后也会变得精神疲惫、性情烦躁。而我们只有得到充足的休息，才可以拥有健康的身体。所以，休假还很有利于我们保持良好的情绪。长期处于紧张工作的状态，会极大地损耗我们的体力与脑力，只有充足的休息才能重新精力充沛。想要拥有愉快的心情，就必须先具备健康的身体，而想保持健康就必须适当地的休假。

在那些视财如命的商人眼中，生活中一切美好的事物都没有赚钱这件事有魅力。他们总在清晨匆匆走过，而忽略了路边芬芳的花园、清澈的溪流以及可爱的小鸟。他们完全无视那些明艳的花朵、茂盛的大树和翠绿的草地……这些生活中的美好之处，他们既没时间也没心情去欣赏，因为他们要全力去赚取更多的钱。他们总推脱说生意忙，为了生计终日奔波劳碌、疲惫不堪，生活的乐趣他们完全没有体验到。

其实只要我们用心去感受生活，就会发现快乐无处不在，然而很多人却不得要领，辛苦一辈子也没有过上轻松愉快的生活。这让我想到一个故事。有一个每日早出晚归辛勤捕鱼的渔夫，他每天都累到浑身酸疼，然而却仅仅只能维持温饱。而另一位渔夫却每日都躺在沙滩上晒太阳，白白浪费大好时光。那个辛勤捕鱼的渔夫看到这种情景后忍不住问道："你还不趁着天气好抓紧捕鱼？"那位渔夫听后反问他："你为什么一定要活得这么累呢？跟我一起躺下来休息一下吧，今天的太阳多好啊。"这位辛勤的渔夫拒绝道："不用了，我要多攒点钱，所以得再多捕些鱼。"于是那位正晒太阳的渔夫问道："你为什么想要攒钱？"辛勤的渔夫是这样回答的："多攒些钱，我就能在年老时躺在海边晒晒太阳了。"晒太阳的渔夫听后笑了："哈哈，我这不是正晒着太阳吗？"

英国的卢伯克爵士是一名银行家及博物学家，他曾经说过：“探寻宇宙的奥妙、追求幸福美丽的心灵是一种幸福，然而很少有人能找到这种幸福。不管我们努力获取了多大的成就都不会感到满足，真正能抚平我们忧伤及痛苦的，是我们心底热烈期盼着的幸福——能看透这一点的人更少。”

我们总是在费尽心思去追逐梦想，一心着眼于未来，却错过了身边美丽的风景。其实我们的终极理想就是追求好的生活，然而人们却往往为了所谓的目标不惜牺牲自己的快乐生活，那么即使通过自己的不懈努力而美梦成真、变得富有，又有什么意义呢？孩子们未曾经受金钱的诱惑，可以全身心地去享受美好的生活，他们或许才是真正的幸运儿。愚昧之人只看得到庸俗之物，例如金钱、身份等，而快乐之人却懂得欣赏一切美好的存在，他们有着独特的欣赏能力。而这种懂得欣赏美丽事物的能力，是我们每个人都应当学习的。因为掌握了这种能力，相当于打开了心灵与外界交流的窗口，我们将因此而变得幸福。年轻人的思想会因为感受到这些美丽而变得乐观积极。拥有了这些美丽的事物，生活将更加多姿多彩，世界也会变得更加可爱。

当你感到思维缓慢、两眼无神、脚步虚浮时，应立即停下手中的工作，不管你正在做的是什么工作。因为你的身体在通过这种方式提醒你，该停下来休息一会儿了。这是一种人力无法改变的自然规律。人要把自己的精神和身体都调整到最佳状态，那样才能够更好地工作。如果你不注意身体发出的这种警报，仍旧忙于工作而不休息的话，极可能会毁掉自己的前程,而不仅仅是忍受痛楚那么简单。这种代价是极为惨重的。

给自己的身体和精神放个假吧，用轻松快乐的心态来对待工作和生活。

比生活更重要的，是你的生活方式

每个年轻人都应该清楚，身体是革命的本钱。有好的身体才能有好的生活。我们要格外爱惜自己的身体，尽力保护好它，不让它受伤害。

有些人忙于为自己的目标而奋斗，顾不上吃一顿好饭、睡一个好觉，他们总自欺欺人地安慰自己忙过这阵就休息。然而他们从未真正休息过，直到身体累垮、精力不济，他们都不明白自己为何如此年轻就已经头发花白、没有胃口、浑身酸痛。其实这完全是他们自己一手造成的，他们的健康正是毁在这种急功近利的工作态度上。

在当今社会，很多悲剧都是因生活节奏太快而导致的。我们在大城市随处都可以遇到一些这样的年轻人：他们头发花白、弯腰驼背，单从外表完全看不出只有 30 岁上下；他们身上死气沉沉，早已失去年轻人该有的朝气；他们脸上也早早地留下了岁月的痕迹。我真的替他们感到惋惜，他们在劳累中过早地耗尽了自己的精力，身体就如同已经锈蚀、报废的机器，空有一身本领及远大的理想，却最终一事无成。

很多高学历的年轻人因为身体不好而无法施展自己优秀的才能，最后只能很可惜地过着平庸的生活。病弱的身体会使人有心无力，无数拥有满腹学识、能力出众之人都因此而抱憾终身。想要实现自己的远大理想，必须得有一副结实的身板才行。

壮志难酬的人生，无疑是最可悲的人生。对于那些能力出众的有志之士来说，最痛苦的事便是自己拥有实现理想的实力却被病弱的身体所拖累。如果我们在年轻时不注意呵护自己的身体，将导致终身被疾病纠缠，沦为身体的奴隶。我们人生将因此再无希望可言，终日陷在郁郁不得志的痛苦之中，直至死去。

要保持健康、富有活力的身体，就必须提供给它充足的营养。很多人聪明地以为自己每天都能省下一点伙食费，却忽视了因此导致的营养不良，结果弄垮了自己的身体。其实，若能保持营养充足、休息充分的话，我们会有更高的工作效率，取得更大的收获。

节俭虽然是一种美德，但若过度节俭会变成一种浪费。愚蠢之人以省吃俭用的方式来省钱，把自己弄得营养不良。尽全力保护自己的珍贵之物，这才是真正的节俭。懂得这一道理的人为了保持住清醒的头脑和充沛的精力，会想尽办法对它们进行充电。他们清楚强健的身体和充沛的精力是取得成功的有力保障。

人们总会对身姿优雅的人持有好印象，而拥有良好的体态其实并不难。始终保持以笔直、挺胸、肩膀后张的姿势走路或者站立，持之以恒，自然就能拥有优雅且富有朝气的身姿。千万不要摇摇晃晃地走路，而应该如同行云流水一般。急切或者缓慢地拖着脚走路的人，会在别人心中留下不好的印象。很多人都有个坏习惯，就是爱整日弯着腰，这是最破坏自己形象的行为。这些人缺乏锻炼，整日都坐在椅子或沙发上，慢慢养成了弯腰驼背的坏习惯。总爱弯着腰的人，消化功能必定不好，因为这种不当的姿势会阻碍血液循环，影响心脏的跳动，还会钝化我们的思想、消磨我们的意志，这是它给我们造成的最大伤害，破坏我们的形象还在其次。

如果一个人因为身姿的不挺拔而导致意志消沉，进而影响了自己在学识及能力上的追求，该多么遗憾啊。我们身体的各部分都会对我们在脑力和体力上产生影响，周身不适往往是由身体某一部位的小问题引起的。

染上不良习惯非常容易，任何小细节稍不注意都会导致这种结果。比如有人喜欢躺着看书或撑着看书，导致站立时也总是习惯东倒西歪。这些不良习惯会使我们变得急躁，极大地伤害我们，所以我们应该抬头挺胸、斗志昂扬地面对生活。每个人都有权利活得潇洒自在，即便是衣着寒酸、生活困窘之人亦是如此。

健康是做好工作的保证，热情是做好工作的前提。一个人的精神状态与健康状况对工作有着直接影响。所以说，不管做什么工作，都需要有健康的身体作为保证。一个萎靡不振的人，做什么工作都无法做好。

我有一位在知名企业担任总裁的朋友，他每天只工作两三个小时，其他时间绝不待在办公室里。他是一个很注重养生之人，在日常生活中努力使自己保持健康的身体，因为他清楚健康对工作的影响有多么深远。他只需两三个小时就能完成普通人一整天的工作，并且办事迅速准确，这些正是归功于他的这种健康意识。

美国很流行这样一句谚语："整天工作不玩耍，聪明杰克也变傻。"人类天生便具有娱乐的权利，埋头工作而得不到放松的人会老得很快，变得毫无生气。这句谚语深刻地揭示了这一点。然而如今的很多老板都不明白这个道理。他们不知道，提升整个部门工作效率及质量的方法，其实就是让员工们不时放松身心从而保持健康状态。他们只会压榨员工的工作时间，使他们长期处于高度紧张的工作状态。这样做只会使员工的工作效率越来越低，而他们自己也不可能取得事业上的发展。

天有不测风云，我们在遭遇不测时，如果没有健康的身心作为支撑的话，就只能沦为命运的奴隶。所以我们应在平时养成良好的健康意识，保持自身的精力与体力，避免过早地将其消耗殆尽。拥有健康的身体及小心谨慎的生活态度的人，是能够抵抗住外界的诱惑的，因为他们身体内拥有强大的力量。

很多人对自己的健康问题抱着侥幸的心态，他们拼命工作，严重透支自己的精力，甚至想一步登天、一夜暴富。他们的这种行为是愚蠢至极的，只会令自己的身心健康都受到损害，最后不得不求医问药、寻求治疗。

成功需要拥有健康的身心，所以我们应在日常生活中养成有规律的作息习惯。只有拥有了健康的身体，我们才能拥有清晰的思维能力，我们的个人能力才能得以充分发挥。

工作虽然辛苦，也要活得快乐

只有快乐的人，才能见到阳光。如果现在你的生活一片阴暗，乌云密布，那请你坚信，总有一日乌云会散去，阳光会重现。明天的美好，源自今天的乐观与希望。反之，悲观的情绪则会扼杀一切前景。无论现实多么沮丧，生活多么拮据，永远不要自暴自弃，永远要记得努力工作，在工作中寻找乐趣。只有快乐向上的人，才能将这种积极的情绪传递给身边所有的人。

正如卡莱尔呼喊的那样："我们需要快乐的同事！他会在我们工作的地方注满欢声笑语！他从来不知疲倦为何物，无论面对什么样的工作都能精神焕发。因为他懂得将自己全身心投入工作当中，就好像听到音乐翩翩起舞一样自然。这种快乐的情绪将带动周围所有的同事，让每位同事都在工作之中感受到前所未有的快乐与满足！"

快乐存在于世间任何一个角落，很容易就能找到。真正的快乐不会被外界事物干扰，无论是忙碌还是疾病，都无法将快乐压制。要找回失去的自信，那就微笑吧！微笑生活，让身边的一切全都沉浸于快乐之中，这才是真正美好的生活呀！

比彻在自己的书里这样写道："离那些喜欢抱怨的人远远的。快乐遍地都是，世上缺少的不是快乐，而是真正想要快乐的人。只要我们愿意，随时随地都可以创造美好的天堂。那些终日郁郁寡欢的人，不要总是强调外界的种种不如意，在自己身上寻找真正的症结所在吧。找到自己不快乐的根本原因，才能找出令自己快乐的正确途径。"

怎样才能拥有欢笑？赶紧将压在心头的烦恼忧愁全都扔掉吧。凡事要往好的一面想，永远保持希望和憧憬，乐观积极地面对人生，时刻充满激情，竭尽所能做好眼前事。种子最初被深埋在泥土中，依靠自身坚持不懈地努力生长，最终才能冲破泥土的阻隔，见到阳光，然后逐渐长出繁茂的叶，开出美丽的花，结下丰硕的果。努力，才能有结果。在这个过程中，坚硬的泥土和沙石不断阻碍着它们的成长，可是它们从不畏怯，依靠强大的勇气和毅力茁壮生长。小小的种子尚能具备这样的精神，更何况是人呢？

人们总是喜欢反复咀嚼曾经拥有过的快乐，当我们回想起那些快乐的朋友时，也一样会感到由衷的喜悦。米勒说："一天，我去医院探望一位生病的朋友，发现她所在的病房并不像一般病房那样死气沉沉。我四处观察了一下，发觉根源是摆放在窗台上的一束玫瑰，其中有一朵总是朝向太阳的方向。我好奇地问朋友原因，她说这些花原本全都背向太阳，只有这一朵不知出于什么原因，竟然自己转了个身，朝向了太阳的方向。这朵不同寻常的玫瑰，给了朋友很大的鼓励，使她渐渐学会了积极乐观地面对自己的病情。当挫折和苦难到来时，我们每个人都应该坚强地迎上前去。我们要坚信，再浓的黑暗也能透出一线光明。痛苦与烦恼从来都不能真正解决问题，一旦身陷这种情绪，就好比陷入沼泽地，情况只会不断朝着更糟糕的方向发展，很难再挽回。”

美国总统林肯习惯在身边摆放一本最新的幽默故事集。这些故事在他情绪欠佳时，往往能发挥重大作用。对林肯而言，每次读完几篇幽默故事，满身疲倦就像灰尘一样被抖落在地，再度投身工作时，便会容光焕发，精神抖擞。乐观之人之所以能够成功，是因为他们总能看到事情好的一面，所以在困难面前，他们从不胆怯，应对从容，游刃有余。这种人在任何情况下都能保持乐观，并影响到周围的人，因而广受欢迎。

伦敦被称为雾都，顾名思义，这座城市经常笼罩在一片雾气之中。严重时，雾气会长达两个月不散，城中连半点阳光都见不到。然而，有些人心中的阴霾却比雾都更甚。他们终日沉浸在抱怨之中，生活对他们来说毫无希望可言。艰苦的工作、穷困的生活，都会成为不快乐的缘由。然而，工作与生活却是我们每个人都必须面对的，不管怎样抱怨都无法逃避。如果你不争取，快乐不会主动降临。一个人快乐与否，心态是最重要的因素。

英国文学家瓦尔特·斯哥特常说："请让我尽情欢笑吧！"他是如此的快乐，因为他关怀着身边所有的人，并用自己的微笑感染着这些人。快乐由他传播开来，再转而传回他的身边去。

欢笑会让你的生活充满阳光。人生苦短，我们在忍受痛苦之余，也被赋予了无数欢愉。你知道笑声的产生要动用哪些器官吗？起初是肺及气管，随即扩展到肾脏、胃部等。在笑的过程中，心跳加速，血液循环加快，从而加速呼吸，让全身活力倍增。笑使双眼神采焕发，心胸豁达开阔，是一种绝好的锻炼方式。欢笑使人青春常驻，保持轻松愉悦，更能缓解病情，其效果比医药治疗更为显著。

有人说，每人每日最少要笑 3 次。想要克服失望悲观的情绪，不妨做这样一种尝试：将自己的痛苦与快乐全都写在一张纸上，注意不要落掉任何快乐的事项，如健康、财产、亲友、荣誉、憧憬等。当然，其中还包括自己所肩负的责任。在写下这些责任的同时，请认真想象一下，若是完成了它们，自己将会拥有怎样的满足感。最后，对比一下纸上所写的事项，你就会明白，比起自己现在拥有的，痛苦的部分其实是那么的微不足道，完全没有必要为之沮丧甚至绝望。

美，照亮生活的一束光

希腊在历史上曾经遭受过无数次洗劫。那些野蛮的强盗在这座以古老而闻名的城市中胡作非为，将无数精美绝伦的艺术宝藏毁灭殆尽。这一幕幕情景给目击者带来了极大的震撼，尽管那些美丽的艺术品接二连三地遭到损坏，但它们的美丽却在人们的记忆中永久保存了下来。不管是多么贫乏无知的灵魂，都会对美丽产生无比强烈的追求，并以此照亮自己的整个精神世界。这种对美的追求，后来使得已被毁灭的古希腊艺术又在古罗马艺术中重现往日的辉煌。真正的艺术是不会被暴徒摧毁的，他们能破坏的只有那些看得见的艺术品，而人们内心深处潜藏的对美的强烈追求，是无论如何都不会被毁灭的。

在罗马军队入侵希腊，对希腊的艺术珍品展开疯狂掠夺时，意大利还未受到艺术的熏染。直到罗马军队将无数古希腊伟大的艺术珍品抢回来，繁盛的罗马艺术才在这些作品的基础上蓬勃发展起来。这些艺术珍品包括《将死的剑客》《马首》《大理石雕塑的农牧神》《挑出脚上荆棘的少年》等。意大利人的艺术天分，正是在它们的启发下被开发了出来。

有人问过柏拉图这样一个问题："完美的教育到底是什么样的？"柏拉图答道："最大限度地让美来熏陶自己的灵魂与肉体，便是给予了自己最完美的教育。"要想让自己的生活被温暖与快乐充满，就要努力展开对美的追求。只有坚持不懈地追求美，才能让自己所受的教育趋于完美。

一个人若想全面发展，就必须对物质与精神这两方面都给予高度重视，不断汲取各种各样的养分，以丰富自身。这两方面无论在哪一方出现偏差，都会给人们的全面发展造成巨大的障碍。永远不要妄想只重视其中一个方面，就能让自己获得全面提升。心灵若是长期得不到充足的养分，便会不可避免地走向衰竭。在这种情况下，身心全面发展便成了不可能事件。同理，身体若是长期处于营养不良的状态，就会对健康造成严重的威胁。到时候，即便拥有灵活机智的头脑，也不能弥补身体上的缺憾。若一个人在成长的过程中，缺失了某一方面的养分，势必会导致他在这方面才能的欠缺。当他长大成人以后，自身发展便会极度失衡甚至成为人们眼中的异类。这是多么可怕的一件事啊！

孩子们在长身体的时候，需要大量的物质营养来保障其健康成长。对那些心灵枯竭的人而言，则需要大量的精神营养来填补自己心灵上的空缺。

我国现在拥有极为丰盛的物质资源，这对于增加全民族的财富起着至关重要的作用。然而，这同时也导致了很多人一味追求物质财富，甚至不惜以牺牲精神财富为代价。这会将全民族引向危险的歧路。

只重视体力与智力，显然不足以令人们获得成功。要想充实自己的生活，让自己的精神世界由沙漠变为绿洲，就必须努力培养自己的审美能力，让自己能够鉴赏真正的艺术，品味艺术之美。缺失了审美能力的人，就好比缺失了鸟语花香与如画景致的国家，纵使国力强大，终究避免不了由内涵的缺失引致的浅薄与贫乏。显然，人们并不会在肤浅的人身上倾注过多的注意力，这种人也很难走向成功。

人类并非完美无瑕，也并非生来就具备对大自然之美的鉴赏能力。人类对物质资源的狂热追求，对其自身的内涵开发几乎毫无裨益。过度追求物质财富的人，往往都是浅薄之人。面对一幅流芳百世的名画，那些毫无审美能力的人根本不会感受到画中所展现的美是多么的惊人。与之形成鲜明对比的是，那些审美能力极强的人，不管看到的是何种形式的美，都会从心底感受到强烈的震撼与共鸣。

原始人对于美不是持有欣赏的态度，而是将其当成神明一般崇拜。到目前为止，没有证据能够证明他们具备审美能力。他们只是出于动物的本能，对自然之美产生了强烈的敬慕。

现代社会，人类文明尤其是物质文明发展迅速，人类对于物质资源的需求与日俱增。但是，在这个过程中，人们的审美能力却在不断下降。让美照亮每个人、每个家庭，让生活的各个角落都被美充斥，是人类文明发展的至高追求。

已故的哈佛大学教授查尔斯·诺顿是20世纪美国影响力最大的思想家之一，他曾说："人类最高尚的品格莫过于对美的鉴赏力。拥有了这种能力，将会极大地促进个人发展。某个国家的文明成就发展到何种程度，从该国的绘画、建筑、雕塑水准中就可以窥见。"

人们对于美的追求，会在不经意间对自身个性的塑造产生强大的影响力。人们会因此拥有平和的心态、优雅的举止和充实的精神生活。这一点是其他任何事物都无法代替的。

要改变自己的生活状态，就必须从现在开始有意识地培养自己对美的热爱与追求。人们将会从对美的鉴赏之中，感受到前所未有的快乐与满足。对美的热爱与追求会帮助人们重新认识周围斑斓的色彩，让生命时时刻刻充满幸福与欢乐，试问世间还有什么收获比这更有意义呢？

人们的内心可以在美的影响下得到净化，变成举止优雅、品格高尚之人。芝加哥有位老师就是其中的典型。这位老师在班里给学生创建了一个特别的空间，并为其取名为“美的田园”，其中设有书柜、沙发以及图画等。书柜上装有漂亮的彩色玻璃，长沙发上点缀着彩色的缎带，另外这里还有不少品位不俗的小饰品。孩子们在这小小的空间里感受到了莫大的欢乐，那些漂亮的彩色玻璃尤其受到他们的喜爱。在这里，孩子们在不经意间受到了美的感染，影响到自身的言谈举止，变得越来越乖巧懂事、谦逊有礼。

人们的个性会在对外界环境的不断耳濡目染之中被塑造成型。世界有着无数的组成部分：其中包括各种各样的声音，如鸟鸣声、虫叫声、海浪声、风声；也包括各种各样的美景，如广阔的天空、无边的大海、茂密的森林、巍峨的山峰。所有这些自然之美将对人们的个性塑造大有裨益，其重要性甚至超过了人们在学校受到的教育。那些对这类美毫无感知的人们，其生命一片空白，乏善可陈。

将美持续不断地引入自己的生活，长久坚持下去，你会取得意想不到的成果。这种成果是金钱与美誉都无法带给你的。你的眼界会为之大开，你的热情会为之引燃，你的精神世界将得到极大的充实与满足，世界在你眼中将变得越来越美丽动人。无论你拥有怎样的身体状况与工作岗位，只要与美相伴，便会得到丰厚的收获，让自己的灵魂得到净化，让自己的品格得到提升。假期至关重要，每一次假期都应接受一次美的洗礼。假如你在一年之中，有

365天都在做着重复枯燥的工作，那么心灵枯竭对你而言是迟早的事。

可以说，美是十分神圣的。生活在美的环境中，便等同于生活在神圣的环境之中。一名哲学家曾说："伟人往往擅长捕捉各种各样的美。只要具备对美的感知能力，所有人都能时时刻刻感受到美的存在，不管其关注的对象是大自然还是人类社会，是成年人还是小孩子，是工作还是日常娱乐。"

对美的热爱与追求有助于和谐人生的营造。可惜这一点极少有人能意识到。大多数人都不会过多地关注这一点，原因就在于人们平日里时常接触到美的事物，早就对此习惯成自然。然而实际上，不管在何时何地看到何种形式的美，如美丽的图画、美丽的风景、美丽的日出、美丽的脸孔、美丽的花朵等，都会让人们在不知不觉间受到感染，表现在言谈举止中，便会显得更加优雅高贵、落落大方。

美国人总是习惯将对美的感知阻挡在头脑之外，普遍重视物质财富，却忽略了精神生活，更加不会重视对审美能力的培养。反观在乡下生活的人们，就不会将金钱放在首要位置。因而在美国，乡村的发展要好过城市。

一个人若将全部精力都倾注于对物质财富的追求，那么便无法开发自身的审美能力、交际能力，连同其余各种可贵的能力。这些能力有可能会因为长久得不到开发而逐渐消退。这样一来，健康和谐的生活方式对他而言就成了一种不可能实现的奢望。一个人的能力会因为长久的闲置而不断退化，要想让能力发挥最大效用，就必须时常使用它、磨炼它，这与脑细胞的使用是同一个道理。培养高尚的审美能力对这类人而言更成了一种妄想。只有不断地感受美、发现美，心灵才能得到滋养，生活才更有希望。

幸福的生活，让生命充满活力

只有那些精力旺盛的人，才能够享受丰富多彩的生活。一本书如果内容不好，缺少真实性和原创性，不管它的外表包装得如何精美，也无法得到读者的认可。同样道理，无论是一首歌、一首诗，还是一幅画，只有它充满活力，令人们感受到快乐，人们才会喜欢它。

为什么很多人耗时费力地创作出作品，却无法得到认可？最主要的问题是，它没有思想内容，单调乏味。读者读这样的作品时，很难获得精神上的愉悦。一个缺少生活经验、不热爱生活的作者，又怎么能够写出鲜活的人物？一个非常疲劳的艺术家，又怎么能够创作出独具特色、与众不同的作品？这样的人，连最基本的生活都无法保证，又怎么能够创作出让人满意的作品呢？

有一些才华横溢的艺术家，也曾经创作出非常不错的作品。可是随着时间的推移，他们的作品越来越不受人们欢迎。之所以会这样，是因为他们不再像过去那样热烈地追求自己的理想，不像过去那样严格地要求自己，因此便无法热情洋溢地创作。

人们无法永葆青春，但却可以保持自己的心灵年轻。可是，在生活中，很多人还很年轻，却已经衰老了。是什么原因造成了这种现象呢？很多人都认为，人到45岁至50岁的时候就已经老了。其实，这是一种非常错误的认识。它会让人们的心灵趋于老化，心灵老化之后，身体就会随之老化。你越害怕的东西，它就越会到来。人越是怕老，越是想办法延缓自己衰老，就会老得越快。

人的身体会受到思想很大的影响。因此你对自己充满信心，把自己当成年轻人看待。不要总想着自己老了，已经做不了任何事情了，否则会老得更快。

爱默生说："年龄对一个人有着很大的影响，但是绝对不会起决定性的作用。岁月不会把我们变老，我们之所以会变老，是因为我们的生活方式。"

保持自己的心灵始终年轻吧！把自己当成一个年轻人，不要觉得自己已经老了。有一个60多岁的父亲，当孩子们邀请他一起做游戏的时候，他不但没有和孩子们一起玩，还非常生气地说："我都这么大岁数了，怎么能像你们那样折腾呢？"他的妻子，也就是孩子们的母亲与孩子们一起玩游戏。她玩得非常开心，像一个小孩子那样，不停地蹦啊跳啊。这个时候，她一下子变得年轻起来。在年龄方面，她与她的丈夫相差无几，可是她有一颗年轻的心，因此才会显得比丈夫年轻很多。

已经年逾八十的奥里福·霍尔姆斯仍然非常健康，精神矍铄。有人问他，用什么方法保持年轻。他的回答非常简单：“保持一个积极乐观的心态是最重要的法宝。要懂得欣赏自己，要学会知足……忧虑、抱怨、暴躁等情绪会让你迅速地变老，因此要学会控制自己的情绪。让微笑一直挂在你的脸上，你就会永远年轻。”

人要学会知足，知足才能常乐，常乐才能让人永远年轻。知足并不是用消极的态度来面对这个世界，也不是不思进取、不求上进，而是让自己远离忧虑、焦躁、虚荣。因为它们会把一个人很快变老。有人说，那些虚荣且自私的人，都是野心家，他们只顾着追名逐利，所以更容易老去；那些工作时拼命努力，休息时让自己充分放松的人，才能够一直年轻下去。就算到了知天命的年龄，也不要以为自己老了，不中用了，其实你的身体并没有那么快衰老，只是你的心在你的身体老化之前先老了。工作时要拼命，休息时要让自己彻底放松。只有会生活的人，才能够保持年轻。有一位著名的女演员曾经这样说过：“我热爱艺术，热爱我从事的工作，因此我才能够永远年轻。当我努力工作时，我感觉自己精力充沛，心情特别舒畅。”

有些人遭受痛苦之后，便无法从痛苦之中恢复过来，整天沉浸在痛苦之中。这样的人很快就会变老。人们在没有意识到健康的重要性的时候，就容易生病；在没有意识到青春的宝贵的时候，就会慢慢老去。疾病可能是由无知引起的，但是一个乐观、豁达的人，是不会轻易生病的。只要心灵不老，就算老人也能像年轻人那样充满活力。乐观可以延长人的寿命，当困难与挫折到来的时候，要学会用乐观的心态去面对。“笑一笑，十年少”，因此要让自己的脸上始终挂着笑容。

一个有爱心的人，才能够做出浪漫的事情。让爱占据整个心灵的人，会爱自己、爱别人，他们自己的生活也会变得丰富多彩。那些没有爱心和同情心的人，就会为了一己私利而蝇营狗苟，也会表现出与年龄不符的衰老。心中充满了希望的人，生活将会过得多姿多彩。城市里的女人懂得生活，因此她们看上去才会显得年轻。而过着单调乏味生活的乡下的妇女们，很快就会老去。

有一位智者活了很多年。大家都很想知道他长寿的秘密。那位智者说：“我长寿的秘密就是，每天都把新东西装进自己的头脑之中。”这个观点与古希腊人的观点极为相似。古希腊人认为：“不断地学习新知识是保持长寿的诀窍。多接受新思想的洗礼，多与人沟通，多一些同情心和爱心，人才能够活得更加充实、更加快乐。”

永葆青春的诀窍在于爱心、希望和乐观。富有爱心的人，生活会过得丰富多彩。追求快乐是每个人的权利。一个人要想永远年轻、幸福，就需要有健康的身体、高尚的品格和宽广的胸襟。

第二章

会生活的人，是怎样过日子的？

学会赚钱，更应该学会理财

人生在世，养活自己是最基本的要求。我们必须要学会如何赚钱，也要学会如何花钱。你是否接受过高等教育与此没有多大关系。如果连养活自己都不能做到，那么就算受过再多的教育，又有什么用呢？还没等到发挥出你的能力，你就已经被饿死了。

很多人在年轻的时候受到别人的尊敬，过着非常幸福的生活，可是当他们步入暮年之后，却感觉不到任何快乐，为什么会这样呢？因为他们根本就不知道如何养活自己。我们每个人都应该靠自己的劳动来养活自己。在现实生活中，很多人都没有掌握一门谋生的本领。这在年轻的女性身上，体现得更为明显。她们的父母在她们小的时候，就不断地告诉她们长大之后要结婚。由于长期受到父母的影响，她们把结婚当成了她们的使命，因此从来都没有考虑过结婚的原因，以及结婚之后该如何生活。还有很多父母，总觉得女儿长大之后就要嫁到别人家去，成为别人家的人，因此都没有想过让女儿掌握谋生的技能。他们认为，女儿以后要靠她的丈夫养活，因此根本不需要学习谋生的技能。

这种思想是完全错误的。那些自尊心很强的女孩子，知道这种想法后，心里会怎么想呢？也许她们根本就没打算像父母设想的那样结婚生子，而是过单身生活。可是，父母觉得女儿长到一定年龄就必须要嫁人，一直养在家里将成为沉重的负担。由于受到父母不断的催促甚至逼迫，而且又没有掌握一项谋生的技能，她们只能向命运屈服，乖乖地嫁人。

现在的女孩子，除了结婚之外，还可以做其他很多事情。她们的地位因为妇女解放运动而得到了很大的提升，有了更多的机会和选择。现在的女孩子，都学会了谋生的技能。更重要的是，她们学会了独立自主。她们认识到，自己的事情自己做主，如果自己不愿意，没有人能够逼她们结婚。

但是，并不是所有的女性都过上了独立自主的生活，还有很多女性的生活处境非常悲惨。虽然她们也对传统的婚姻观念不满，但是由于她们无法养活自己，所以只能被迫嫁人。她们根本就没有接触过谋生方面的训练，因此无法过上独立自主的生活。我们也可以说，这样的女性很可怜。因为她们需要丈夫养活，而她们的丈夫死后，她们的生活就会陷入困境。

有些人在女儿还没有掌握谋生技能之前，就逼着她嫁给一个不负责的男人，或者让她进入社会独立生活。那些人的做法实在是太残忍了。那些明智的父母，应该让他们的女儿掌握一种谋生的技能，让她们可以独立自主地生活。这是她们保持个性自由和人格独立的必要条件。随着时代的发展，女孩子已经有能力养活自己，无论在工作方面，还是在其他方面，她们都能够做得像男孩子那样出色。因此，她们也应该像男孩子那样，靠自己养活自己，过上独立的生活。

很多女孩子本来过着非常幸福的生活，但是一些意外的发生，让她们失去了依靠，她们只能用自己的双手去赚钱养活自己。直到这个时候，她们才意识到，原来自己什么都不会。有一些女性在丈夫突然去世之后，就陷入混乱之中，根本无法守住丈夫留下来的偌大家业。由于过度依赖别人，而丧失了自己独立生活的本领实在有些可悲。

据调查资料显示，女性在丈夫意外死亡之后，47%的人需要靠工作谋生，有 18% 的人能够依靠丈夫留下来的遗产过日子，其余的 35% 将会陷入贫困的境地之中。也就是说，在丈夫死后需要靠自己养活自己的女性占到82%。一个非常明显的事实是，如果这部分女性都具有谋生的技能，能够自食其力，那么她们的生活仍将会过得不错。

很多悲剧的发生，与此有着密切的联系。年轻人在结婚之前，由于在父母家里过着非常惬意的生活，根本不知道怎么赚钱，也没有接受系统的理财训练，总是由着性子乱花钱。结婚之后，花钱更加没有节制，最后养成了奢侈的恶习。每次出去办事的时候，来回都要打车；每次出去吃饭时，想吃什么就点什么，从来不考虑价钱；在家无所事事时，总搞一些费钱的活动来取乐。一般来说，他们是普通的职员，收入处于中等水平。正是由于他们的种种恶习，生活才越来越困顿。

能够养活自己，是一个人必须要掌握的一项本领。有很多年轻人，在大学课堂上学到了很多知识，可是正式走上社会之后，他们却连自己都无法养活。之所以会这样，与家庭和学校的教育有着很大关系。父母认为学校会教孩子谋生技能，而学校又只教他们理论方面的知识。经过这样的教育之后，孩子们自然无法掌握谋生的技能。

做父母的应该在孩子步入社会之前就让他知道如何赚钱，并教他养成节俭的好习惯。在很多家庭里，孩子从来都不被允许参与家里与钱有关的事务。其实，如果做父母的能够让他们懂得赚钱的艰辛，那么他们以后也就不会再乱花钱了。

对于大多数年轻人来说，在结婚之前，根本没有理财的机会。他们开始理财，一般都在结婚之后。因此，他们不知道该如何花钱，才能够让金钱发挥出最大的价值。他们过惯了养尊处优的生活，也不知道什么是节俭。长此以往，根本就无法维持一个家庭。

在孩子离家之前，很多家长掌管着家里的财政大权，不给他们学习理财的机会，不管他们想要什么，都会给他们买。在这种环境中长大的孩子，既不会理财，也不会记账。结婚之后，他们的角色发生了巨大的变化，需要肩负起家庭的重担。可是由于在此之前没有接触过这方面的知识，因此便会手足无措，把家庭生活搞成一团乱麻。因此，那些明智的父母总是能够未雨绸缪，让孩子提前接触到家庭管理方面的知识。

有些家庭家教宽松，有些家庭家教严格。在家教严格的家庭里长大的孩子，由于受到太多的约束，所以结婚之后，他们自己当家做主，便会任意胡为，从而养成奢侈的恶习。而如果不加制止，反而任由他们胡来，那么他们将会更加为所欲为。

能够养活自己是一个人在这个社会上生存和立足的必备能力。每一个人都应该学会养活自己的本领，只要那样才能够独立自主地生活。

去银行办一个存折，是养活自己第一件要做的事。要尽量把多余的钱都存起来，这样你就不会再随便乱花钱，而且还能够养成勤俭节约的好习惯。在年轻的时候养成这样的好习惯，等到以后就有钱养老了。

要想取得成功，就要学会养活自己，因为养活自己是成功的前提和基础。如果你连自己都无法养活，那么你又怎么能够把一家公司、一个家庭管理好？对于年轻人来说，学会理财非常重要。没有哪一个老板会喜欢一个不懂得理财，随便乱花钱的职员。因为你既然能够浪费自己的东西，那么必然更会浪费别人的东西。

不管做什么工作，不管挣钱是多是少，都应该让自己生活得更好。如果连这一点都无法做到，那么就会在竞争中陷入被动。勤俭节约并不是小气，而是让自己的每一分钱都得到合理的利用。要谨慎地对待辛辛苦苦存下来的金钱，不要胡乱花掉。当你过上了节俭的生活时，你离成功也就越来越近了。

养成勤俭节约的好习惯

节俭就是让我们一生所拥有的资源得到合理、有效的运用，让其发挥出最大的功用。节俭包含的范围很广，既包含了金钱，也包含了时间和精力。我们要养成勤俭节约的生活习惯,才能够对自己的金钱和时间进行正确的管理。

节俭是一种美德。它可以改变一个人，甚至一个民族的命运。人类所创造的文明，没有一样能够离得开节俭这个美德。

罗瑟波利勋爵曾经这样说道：“节俭是涵盖一切的原则，对于这样一个原则，每一个帝国都应该无条件地遵循。伟大的罗马帝国就是一个很好的例子。当年它是世界的主宰，任何一个国家都无法与它抗衡，但是它最终还是覆灭了。这是为什么呢？因为奢侈浪费之风在整个国家蔓延开来。普鲁士也是一个很好的例子。它原本只是北欧的一块沙滩，面积非常狭小，可是，在弗雷德里克大帝的推动之下，整个国家的百姓都养成了节俭的习惯。因此，这个国家发展的速度非常之快，很快就建立起了非常强大的武装部队，并打造出了非常先进的武器。最终，它成了非常强大的国家。此外，这个道理在法兰西帝国身上也得到了很好的体现。法国人喜不喜欢储蓄，我不太清楚，可是在1870年，当法国被迫签订不平等条约，整个国家陷入困境之时，法国人民立即拿出自己的全部积蓄，偿还了所有的战争赔款。在以上3个事例中，罗马帝国之所以会覆灭，完全是因为不懂得节俭所致；普鲁士之所以能够强大起来，是因为那里的人民都懂得节俭；而法兰西因为节俭摆脱了厄运。”从上面这段话中，我们可以看出，对一个国家来说，节俭是何其重要。大体说来，节俭造就强大的国家，不节俭会毁灭强大的国家。

节俭这种美德对一个人来说也非常重要。它既可以让人积攒起财富，也可以促进人们品格的不断提高，养成优秀的品德。要想成就一番大事业，必然缺不了节俭这个美德。养成节俭这个美德之后，一个人的能力才可以得到最大限度的发挥。它既能够让我们放弃不必要的欲望，也能够让我们的自我控制能力得到增强。养成节俭的美德之后，我们就可以成为自己命运的主宰了。

节俭是成功的重要因素，具有这个品质的人，更容易取得成功。节俭的人在做一件事之前，一般会深思熟虑，制订出非常完善的计划。他们做起事来雷厉风行，很少会拖拖拉拉。

如果养成了节俭的美德，那么你就会成为自己命运的主宰。养成了节俭的美德之后，像独立自主、未雨绸缪等优良品质就会出现在你的身上。也就是说，只要你养成了节俭这个美德，你就将成为一个与众不同的人，因为你不会像过去那样浑浑噩噩地生活，而是目标坚定，而且你也将会变得非常聪明，办事能力也将得到提升。

一位非常有名的作家在谈到节俭时如是说道：“只有从现在开始厉行节俭，你才能够养成节俭的好习惯。而且，这是养成节俭这个好习惯的唯一途径。其实，节俭并不像一般人想象的那样困难。它既不需要超出常人的智慧，也不需要超乎寻常的勇气，只要你具有足够的生活常识，能够克服享乐和自私等欲望，那么你就能够养成节俭这个好习惯。节俭对于那些能够克制住自我的人来说，是非常轻松的一件事。养成了这个良好的习惯之后，他们也就非常乐意在生活中厉行节俭，因为他们将从中获得更多的东西。只要有足够的决心和信心，以及克制自己的能力，那么将会非常轻松地养成节俭这个好习惯。”

我们必须学会节俭，这样才能为我们创业提供充足的资本，才能使我们拥有很多财富。把节俭与吝啬混为一谈是完全错误的。吝啬是指连该用的地方也舍不得用，而节俭是指只用在该用的地方，不该用的地方坚决不用。所以，节俭是合理安排自己的开销，而吝啬则是不合理的。

那些奢侈浪费之人在遭遇变故后，不仅自己的生活会变得艰难，还会连累到他周围的人。这种人攀比成性，在将自己的钱花光后，不惜借钱来维持自己的排场。所以他们一旦失业或者得病，或者遭遇其他变故，就会把周围的人和自己都害得很惨。其实，他们只要在生活中稍微节俭些，就可攒下一笔积蓄用以应对这种突发变故。

人们对于节俭的认识各有不同。英国文豪罗斯金曾说："人们通常把节俭看作是单纯的省钱，其实真正的节俭在于如何合理地用钱。用在最合适之处，使我们所花的钱得到最大的回报。"

节俭能为我们积累自立的资本，而积蓄则是我们取得成功的第一桶金。属于自己的一纸存折带给我们的力量，比亲朋好友的帮助及鼓励要大得多。对此，托马斯·利普顿爵士这样说道："很多人向我询问取得成功的秘诀，其实成功的诀窍就在于节俭，大多数成功人士都有存钱的好习惯。"养成节俭的生活方式可以帮助我们更好地立足于社会。拥有积蓄会给人带来满足感，从而减少了年轻人学坏的机会。

著名商人约翰·阿斯特认为存钱非常有必要，因为他如今所取得的成就，正是来源于他最初攒下的一千元启动资金。虽然他起初积累一百元比如今赚一万元还困难，但正是因为这一艰难的储蓄过程,他才能有机会赚到一万元。很多人不懂得合理规划自己的开销，只能很可惜地浪费掉好多钱，如果他们能有计划地消费的话，应该能拥有大笔积蓄。所以，为了使我们辛苦挣来的钱不白白流失，每个有志青年都应有一个账本，清点所有开支，根据自己的收入制订合理的开支计划。如果你能坚持记录所有的开支，然后通过核算自己所有的支出找出不合理的开支，久而久之，你的奢侈浪费的坏毛病一定可以根除。

农村的孩子往往比城里的孩子要生活俭朴得多。因为城市里充满各种物质上的诱惑，而在农村这种诱惑要少得多，并且环境单纯，造就了农村孩子节俭的优点。他们具有节俭和存钱的好习惯，因为他们懂得挣钱的艰辛。他们不会挥霍钱财来博取他人的开心。农村的父母总是教育子女要努力地一分一分地攒钱。而他们也的确是这样不断积累财富，然后用它作资本赚取更多的财富，最终取得辉煌的成就。

钱放在身上的话，我们总会忍不住想把它花掉。为了防止这种顾虑发生，我们最好把钱存到银行里。这能有效地帮助我们节制自己的欲望。因此，一个很好的攒钱方法就是把钱存到银行里。这会使你在想用钱时下意识地权衡利弊，思考这一开销是否值得自己费力去取钱。

富兰克林曾这样勉励年轻人：“最能帮助你积累财富的朋友有四个，分别是忠信、诚实、勤劳、刻苦。而多挣钱、少花钱则是致富的唯一途径。握紧手中的每一分钱，一点都不浪费，这可以帮助我们避免饥寒交迫的生活。”

我们应清楚节俭的重要性，明白万物皆有其存在的价值，不可以随意浪费。然而很多年轻人不仅不能认识到这一点，还反而毫无理由地认定节俭会有损自身的体面。可是他们没有考虑到，把钱财挥霍一空对自己没有任何好处，最后只会让自己连温饱都无法解决。

理智之人都不愿意被人苦苦追债，或因为债务问题而遭受牢狱之灾。而我们只有养成节俭及储蓄的好习惯，才能避免这种悲剧的发生。节俭是一种能令人受用终生的财富，这种财富是那些奢侈浪费、不懂储蓄之人所享受不到的。

合理理财是比挣钱更困难的一件事，这其中是大有玄机的，我们既不能显得吝啬，但同时又得生活简朴。我们应大力提倡一切节俭行为，尤其是在当今都市生活越来越奢侈浪费的情形下。每个人都应在生活及社交中谨记量力而行、合理消费的原则，因为大家都难免会有奢侈浪费的时候。我们要想避免负债累累的结局，就必须养成合理的生活方式。

我们常常遇到这样的年轻人，他们吹嘘自己收入高，但总是全部花光，甚至还会在周末时欠下外债。在谈论自己的梦想时，他们说要成为同事中最杰出的人物，住豪宅，并成就一番事业。而以他们的生活方式来说，这些都是绝对不可能的。

每个人都应有忧患意识。大街上那些温饱都无法解决的老人，他们之所以会沦落到这种地步，很大程度上是由于年轻时不懂得节俭，不懂得为自己的未来积累一些储蓄。

因此，我想劝说那些盲目自信的年轻人养成忧患意识。虽然你们现在看起来生活无忧无虑，每周都有充裕的收入，但疾病以及突发意外会随时令你陷入困境。例如瘟疫、火灾及战争等，会给你带来重大的损失。这时，储蓄的好习惯能给你提供巨大的帮助。

如果每个人都能在年轻时严格养成节俭、储蓄的好习惯，又怎会有那么多孤苦无依的老人存在呢？又怎会有那么多人负债累累，过着卑微的生活呢？他们每日为了债务而四处奔波，严重损伤了自己的健康，过早地呈现老态。

那些才刚到中年就已经入不敷出、无家可归的人，是这个世界上最可怜的人。许多人之所以一事无成，正是由于父母没有在他们小的时候,向他们灌输勤俭节约的思想。这种结果，令他们年老的父母愧疚不已。

如果我们不能合理安排自己的消费的话，将很难拥有幸福、独立的生活。生活成本的高低是取决于我们自身的消费观念的。很多人一味追求高消费，这些人再辛勤付出也逃脱不了穷困潦倒的悲惨境遇。

节俭是指合理理财、量入为出，而不是说要做到吝啬的地步。出色的理财者总能在短期内攒下可观的积蓄。因为他们持家有道，总能根据收入合理安排支出，并将节约下的钱储蓄起来。

那些看到什么好东西都要买下来的人，也许他们自己都痛恨这种花钱大手大脚的行为，因为这些钱原本是可以成为自己的一笔积蓄的。这笔积蓄足够他们在经济上保持独立，晚年生活无忧。但他们总在花完所有的钱后才悔不当初，这是毫无用处的。

生活中有许多人不懂得节制欲望，为将来的幸福生活做好准备工作。他们为了满足自己的欲望，可以花光自己所有的钱财，甚至借债也在所不惜。这样的人怎么可能会取得成功呢?

节俭要有度，生活更美好

说到节俭这一美德,人们对节俭的理解并不完全相同。一部分人认为，节俭这一美德对一个人来说非常重要，因此他们提倡要发扬这个美德；而另外一部分人则认为，节俭虽然是美德，但在节俭时要注意把握尺度，不要进行不恰当的节俭，否则反而会给人带来不必要的麻烦。

的确，不恰当的节俭有些时候会给我们的生活带来很大损害。有些必须要花费的开销，因为想要节俭而没花，那么你的精力和时间将会被浪费。曾经有一个老板，让自己的员工多花一倍的时间工作,而他这样做的目的，只是为了节省没有多大价值的包装绳；他商店里的灯到夜里总是不舍得开,而这样做也只是为了省下一些电费。当顾客从他的商店门口经过，看到里面黑乎乎的，就不敢进去了。结果，这个老板因为省下微不足道的电费而错过了很多顾客。

做事情谨小慎微,太过注重细节，就不容易做成大事。不恰当的节省，虽然能够得到一些小收益，但是却错过了更大的收益。

创造力对一个人来说非常重要，它可以让你的事业走向成功。但是，如果在不必要的地方节俭，那么你的创造力就会逐渐消失。一个吝啬的人，将永远生活在痛苦的深渊之中。

对那些志在做一番大事业的年轻人来说，有一项非常重要的技能是必须要学会的，这种技能就是树立正确的节约观，进行合理的投资。有些时候，没有道理的节约可以与严重的浪费画等号。

一个人打算建一所新房子。他为了省钱，就没有重新打地基，而是继续使用旧房子的地基。可是，与旧房子相比，新房子要高好几层。就是因为那个人想着省钱，没有打新地基，新房子盖好后没几天就倒掉了。这样的人在现实生活中比比皆是。他们为了节省小钱，结果却遭到了严重的损失。

很多年轻人因为在教育投资方面不恰当的节俭而抱憾终生。他们年轻时觉得，就算自己读了很多书，也不一定能够成功。因此，他们觉得高等教育并没有用，根本不值得为此花那么多钱。还有一些年轻人，把娱乐时间看得非常重要，即使是有提高自身素质的机会，他们也不放在心上。这样的年轻人，在激烈的竞争中必然会处于劣势。由于不恰当的节俭，他们错过了让他们提高的机会。

年轻时不利用大好的青春年华，接受良好的专业训练和教育，在以后的人生道路中必然会受到惩罚。我认识一个在年轻时觉得没有必要接受教育，而选择做生意的年轻人。在做生意的过程中，由于知识水平非常低，他总是赚不到钱。而在他所从事的那个领域里，他的对手们都接受过良好的教育，因此他做了一辈子生意，最终仍然一无所有。他之所以会落得如此下场，完全是因为在年轻的时候为了省钱而放弃了接受教育的机会。

我们在现实生活中经常能够见到，有很多父母因为家庭贫困，在孩子很小的时候就逼迫孩子外出打工。可是他们不知道，在竞争日益激烈的社会之中，那些成功的人往往是接受过高等教育的人。

还有很多人，为了节省自己的钱财，而疏远了与朋友之间的联系。他们不去看朋友，也拒绝朋友来看他；他们尽力避免社交活动，因为如果参加社交活动，他们的金钱将会受到很大损失。他们把金钱看得比任何东西都重。为了赚钱，他们辛辛苦苦地工作，直到累得不得不停下来。

很多人觉得自己的未来充满了各种未知，他们总是担心会失去工作连饭都吃不上。因此，他们过着非常简朴的生活。他们一直战战兢兢地活着，从来也没有外出旅行或者去度假。我认识一位因为业务需要而经常出国的商人。他非常节俭，尽管去过很多国家，但是因为不舍得花钱买门票，他从来就没有游览过那些国家的名胜古迹。尽管他十分想进去看看，可是一想到买一张门票要花掉那么多钱，他就只得在门口外面看了。

吝啬的人外出旅游非常有意思。他们不雇导游，也不买旅游指南，因为那样他就必须要花钱。坐车赶到名胜古迹的门口，虽然很想进去饱览胜景，但是因为不舍得花钱买门票，所以只好在外面看看。其实，名胜古迹的门票跟路费相比，只是一笔小钱，他们连路费都花了却不舍得掏钱买门票，这真是让人觉得可笑。

有些时候，慷慨的人会获得意外的奖励。这种奖励虽然不是金钱，却比金钱更重要。比如高人的指点、朋友的鼓励、获得与德高望重的人交往的机会……这种例子俯拾即是。就算穷人也可以拿出 10 ~ 15 美元来参加一次聚会，他在聚会上或许能够获得别人的鼓励，或者获得做事的灵感，而这种鼓励和灵感也许价值 1000 美元。此外，他还可以结交很多经验丰富的人，这可以促使他不断地进步。这样算下来，那个人所花的 10 ~ 15 美元简直太值得了。

如果有你专业范围内的领袖人物举办晚会，而且你也有足够的钱买入场券的话，那么你要尽最大的努力参加。因为在晚会上，你将会受益匪浅。

我非常希望年轻人能够与那些可以给他们提供支持和鼓励的人结交。如果与在事业方面取得成功的人成为朋友，那么他的能力将会得到突飞猛进地提高，与那样的人交往非常值得。

一个人要想取得成功,就必须要学会聪明合理地消费。合理的消费等同于聪明的投资，具有那种技能的人，既不会形成奢侈浪费的观念，也不会形成错误的节约观念。

那些没有远见、目光短浅的人，就算能够赚到很多钱，头脑也相当空虚。如果想要过上幸福的生活，就必须要树立正确合理的节约观念。我们千万不能学习那些嘴上说要过简朴生活，实际上却非常吝啬的富人。

盲目攀比，只会迷失自己

不切实际的攀比是非常恶劣的行为，可能会招致恶果。纽约有一个中产阶层的女人时刻都想要爬进上流社会。尽管这与她的身份并不相符，但是她仍然要这么做。为了实现这个理想，她让她的女儿去上流社会人士经常出没的地方。其实，她的家庭收入也还算可观，过上舒坦的生活一点儿也不困难。可是，她和她的女儿都不满于此。她们都把爬进上流社会当作奋斗的目标。为此，她们花了很多钱来买各种漂亮的衣服。而那些衣服，根本就不是她们那个阶层的人有机会穿的。后来，那位女士打算让女儿嫁给一位有钱的丈夫，从而跨进上流社会的门槛。可是，在美好的愿望实现之前，她们就花光了家里的钱，同时还欠下了一大笔债务，后来她们竟然沦落到无处安身的地步。

很多家庭条件一般的母亲，总是想让自己的女儿嫁入豪门富户。可是，她们这样做不但对她们的女儿没有好处，还有可能会害了自己的女儿。因为那些母亲对金钱的追求会让女儿们很容易养成奢侈、虚荣的坏习惯，就会把物质当作衡量一切的标准，同时不满自己的家庭，从而不肯回家。那个时候，那些母亲们将很难和女儿见上一面。

很多人本来可以过上幸福甜蜜的生活，但是妒忌和虚荣却害了他们。有多少家庭因为盲目地攀比而受到惩罚啊！有些时候，那些坐在剧场包厢里的人，虽然看着特别令人羡慕，但是他们却不像人们想象的那样开心。

如果让你选择的话，你是愿意坐着奔驰轿车，穿着昂贵的衣服，每天胆战心惊地去看电影；还是坐公交车，穿着价格便宜的衣服开开心心地去看电影？其实，我们活着是为了自己的快乐，而不是成为别人眼中的风景。

现在，仍然有很多爱慕虚荣的年轻人，为了面子去购买价格不菲的衣服，尽管已经吃了上顿没有下顿了。有多少人为了追求不切实际的东西而损失惨重呢？这实在是一个难以计算的问题。

如果我们把时间和精力用在正确的地方，而不是用于显摆自己的财富，那么我们将会更有收获。

无论对谁来说，都很难让人们放弃攀比、炫耀，过一种简单实在、不在乎别人怎么看的生活。因为，几乎每个人都非常在意别人对自己的看法。就算是那些最富足的人，也不能免俗。

很多人太过在乎别人的看法，为了让别人满意，竟然做出很多本不该做的事情，从而导致自己大把的时间被白白浪费。在他们的内心深处，埋藏着爱显摆财富的欲望，所以他们会对自己的家庭产生不满，因为他们的家庭无法满足他们的这种欲望。可是，他们又没有别的办法。他们把过奢靡的生活当成一种必然，认为如果无法过上那种生活就是一种耻辱。并且，他们还想不付出任何努力就过上那种生活。一个人，一旦养成了挥霍的恶习，就基本上无法取得成功了，因为成功的必要因素之一就是节俭这个美德。

如果我们对富人进行一项详细的调查，就能够得出这样的结论：富人们的生活都非常简朴，工作特别努力。那些没有钱却仍然要与富人攀比的人，很难变成富人，因为他们不知道富人是靠节俭积累起财富的。

其实,我们最基本的生活需求很容易就能够得到满足。但是如果把别人的看法当成行动的准则，那么我们就会陷入盲目地追求奢华的境地之中。而这样的追求，只会浪费我们的时间，浪费我们的生命。

根本就没有必要太过在乎别人的看法。如果总是这样做的话，那么生活就会变得非常艰难。那些过得非常快乐的人，都是随性、率真、纯朴的人。

有一些人，为了让别人对他产生好感，就在表面上做文章，显摆自己有多么富有，完全不考虑能否还上债务。还有一些人，生活过得很不如意，但是为了让别人瞧得起他，竟然花去一个月的薪水去请别人吃饭。

那些总是把别人的看法看得高过一切的人，对他们自己的人生极不负责任，因为他们从来也没有对自己的人生进行过认真的思考。为了把别人眼里的“美”展现出来，他们会把完好无损，但是样式已经过时的衣服全部扔掉。他们是根据别人的眼光来穿衣服，而不是自己的需要。每次我看到这样的人时，都会觉得他们既可悲又可笑。

如果这个世界上存在着很多戴着虚伪面具，为了别人的看法不顾自己的能力去做事的人，那将是一件多么可怕的事情啊！他们很可能会做出令人难以想象的事情。

有一位非常有名的作家，曾经说过这样一番话：“现在的有钱人，过着极端腐朽奢侈的生活，很多爱面子的人就会盲目地模仿他们，从而造成社会悲剧不断地上演。他们就像那些不自量力的印度富商那样。那些人看到英王乔治三世所过的奢华生活，就盲目地和他攀比起来。说实在的，他们怎么能够和英王相比呢？盲目攀比会让他们失去辛辛苦苦挣来的财富，还有可能把他们逼上犯罪的道路。”

每个人的能力不同，挣到的钱也不一样。可是，在现在的纽约和其他大城市里,面子能成为很多人活着的目标。他们非常努力地工作，可是他们对自己的处境并不满意。这完全是因为他们的嫉妒心在作祟。生活在城市里的人们，嫉妒心是最为强烈的。

很多人都会把别人拥有某种东西而自己却没有当成一

件非常没面子的事情。如果别人买了一件漂亮的衣服，我就也要买一件，就算半个月不吃饭也要买；看到别人都买了汽车，我也要买，虽然我还有贷款没有还清。之所以会出现这种情况，就要归结于嫉妒心理。还有很多女孩子，她们生长在封闭的环境之中，她们认为，如果自己的衣服没别人的漂亮，自己就会被人瞧不起。

很多人把时间浪费在了盲目攀比上面，从而失去了享受快乐的机会。工作占据了他们每天的全部时间，他们根本就没有时间考虑做事的意义。他们一直都在忙着模仿别人，根本就没有时间做其他事情。

就算别人开着豪华的汽车，又有什么可羡慕的呢？我们照样可以享受到廉价汽车给我们带来的快乐。就算邻居家又买了一套气派的家具又怎么样呢？我们不是照样能够享受到自己家庭的温馨和快乐吗？有些人开着豪华的游轮周游世界又怎么样？与我们有什么关系吗？我们不是照样能够感受到在小溪中划船的乐趣。如果能够做到不去盲目地和别人进行攀比，泰然自若地享受自己的快乐，幸福就会永远陪在你的身边。

获得财富需要付出代价，没有人能够凭空获得财富。塞缪尔·斯迈尔斯曾说："很多人看到别人有钱之后，就会产生出一种羡慕甚至嫉妒的心理，但是他们并不知道，那些有钱的人为获得这样的财富，付出了怎样的代价。"

一位但泽的公爵讲过这样一件事：有一个多年未曾谋面的好友突然到他家里来看他。那个朋友看到他气派的房子、豪华的家具之后，显得非常吃惊，眼神中流露出一股羡慕之情。公爵看出了老朋友的想法，就对他说："我这些东西，你同样也可以拥有。""真的吗？我要怎样做才能拥有这一切？""站在原地不动，让100米之内的人拿着枪向你开火100次。"公爵继续说道，"我非常清楚，你是无论如何也不用那样去做的。可是，我就那样做了，而且已经做了无数次，要不然我又怎么能够拥有这一切呢？"

其实，财富并不是衡量幸福的唯一标准，幸福更多的时候是一种心态。如果一个人拥有平和的心态，能够乐观地看待问题，那么幸福就会降临到你的头上。如果让嫉妒占据了你的心灵，那么你根本就无法得到幸福。盲目攀比、爱慕虚荣的人，又怎么能够幸福呢？

不顾实际地追求富足的生活，将永远也没有尽头。如果不能够控制住自己的私欲，那么它就会给你带来痛苦。如果一个人的人生态度出现了错误，那么他将会痛苦不堪。因此，聪明的人只把幸福和快乐作为追求的目标，不会让嫉妒和不切实际的欲望主宰自己的生活。

如果一个人能够清除自私、嫉妒的思想，那么他必定会生活得非常幸福。

做一个理智的消费者

几年前，曾出现了这样一篇报道：有个很有钱的人，每天赚多少花多少，消费毫无节制，这种人从来不知道节俭为何物。在某报纸上，我们可以找到有关他的这样一则新闻："来自匹兹堡的富豪福兰科·富克斯先生，在抵达英格兰大酒店后，竟用100美元的钞票来擦脸。这张擦过脸的钞票，随后被他信手弃置在地。紧接着，他又将一沓5美元与10美元不等的钞票气势汹汹地拍在了吧台上，并朝服务生咆哮道：'你，快点拿杯酒给我！否则我马上把整座酒店都买下来，炒你鱿鱼！'"

这名富豪最后会有什么样的下场，从他的言谈举止便不难猜测到。像他这样的暴发户还有很多，他们手中握有大笔财富，却没有理智的消费头脑，终日只懂得挥金如土。这名富豪的巨额财富的来源我并不清楚，但我所认识的富豪，无一例外，都是依靠节俭生财的。试问一个完全不懂得节俭的人，如何能重视储蓄？

不久之前，有位年轻人继承了一笔巨额遗产。这笔巨大的财富冲昏了他的头脑，让他开始沉浸于不切实际的幻想之中，幻想自己马上就能借此在金融界大有一番作为。然而，他并没有什么商业头脑，又太过轻信别人，当他开始投资有价证券时，遭到了很多心存不轨的证券推销商的欺骗，买入了大量行将破产、只赔不赚的证券。结果，他用手头上的巨额遗产换来了一堆废纸一样的垃圾证券，等到倾家荡产之时，再后悔却已经太迟了。

一个人在得到财富以后，各种各样的诱惑便会接踵而至。有一位完全依靠自己的力量，最终积累了高达上千万资产的富豪曾说："据我所知，人们在纽约赚到钱以后，能将钱攒下来，不胡乱挥霍掉的人不足百分之一。"纵然他的话有些夸大的成分，但是我们不难发现，人们在巨大的诱惑面前是多么脆弱的生物。

事实证明，心地善良、大方慷慨的人更容易挥霍金钱。这些人习惯了慷慨待人，时常会请客吃饭，或是出钱邀请亲朋好友一起去旅行。这种人就算赚钱很多，也承受不起这样频繁的挥霍，最终导致入不敷出。这种行为不单只是对自己不负责任，也使得家人没有了生活保障，整天在贫困与拮据中辛苦度日。尽管这些人并未存有丝毫恶念，但却避免不了产生这种恶劣的后果。他们简直不能带钱出门，因为别人只要随口编造一个理由就能把他们的钱全部借走。我有一位朋友就是这样的人，正是这种缺陷将他牢牢挡在了成功的大门之外。没错，他的慷慨大方的确让他相交满天下，但是这种收益却是用他家人的利益换来的。因为他将自己赚来的钱全都用来请客了，根本没有多余的钱让家人生活得富足美满，在家人急需用钱时往往束手无策。

年轻人总会花费大量的钱财在谈恋爱上，尽管他们的收入其实并不高。一些男孩子会为了制造浪漫买许多贵重的礼物送给女朋友。他们和女朋友在一起时，总会为了面子而大肆挥霍钱财，请女朋友去昂贵的饭店吃饭。但这种入不敷出的行为会令他们感到绝望，觉得自己关于家的梦想更加遥不可及。其实他们不明白，真正聪明的女孩，看重的是聪慧的头脑、准确的判断力以及优秀的理财能力，尤其在她们得知你只是打肿脸充胖子时，你只会令她们更加反感。

很多年轻女孩会向我抱怨，说她们的男朋友明明没钱却对她们相当大方，花钱大手大脚，这种行为让她们对婚后生活一点信心都没有。有一位收入微薄的年轻人，他为了追求心爱的姑娘节衣缩食，但坚持送昂贵的玫瑰花给女孩。他没有丝毫储蓄意识，所有钱都花在追求这位姑娘身上，甚至到了入不敷出的境地。然而，这位聪明的姑娘在发现他的境况后，拒绝了他。他爱慕虚荣的愚蠢行为导致自己最终人财两空。其实他完全有希望获得成功，只要他能放聪明一点。

好东西人人都爱，它们会使人产生消费的冲动，尤其是那些自制力差的人，更会为之花光手中所有的钱。生活在大城市的年轻人，时刻都得抵御那些上等烟酒、华服美食以及戏剧的诱惑，意志力不够强大的话会，很容易沦为物欲的奴隶。他们完全不懂得储蓄将会带给自己幸福的生活及成功的事业。其实，几千元的积蓄便可以做到这一点，而他们却将自己手中所有的钱都花在奢侈享乐上了。我们想要拥有自己的家，就必须节制自己的欲望，养成储蓄的好习惯，坚持每月省下部分工资存进银行。积蓄的增加会令我们更有上进心，变得勇敢而富有能力。所以养成储蓄的好习惯会给我们带来源源不断的精神上的支持，即使我们的积蓄很少。

拥有属于自己的家园，这是所有年轻人日夜期盼实现的温馨梦想。然而现实却总是阻碍着他们，无数的困难与挫折将他们的美好憧憬彻底打破。年轻人想要实现这个梦想，首先必须懂得在生活中节制欲望，养成储蓄的好习惯，理智地消费。那些乐观积极、身体健康的年轻人，必须通过这一途径来实现自己的梦想，为自己的温馨家园积累起第一批建筑材料。正是这种日积月累的储蓄过程，最终造就了我们幸福美好的生活。在创建家园的过程中，理智消费会给予我们极大地帮助，这种帮助是无法具体衡量的。

培根曾说：“如果靠着自己的收入，能够生活得很幸福，那么你就应该把一半的薪水省下来，存到银行里去。”我认识一个薪水很高的年轻人，他会在一个月之内把当月的薪水花光。有的时候，他也有存钱的打算，可是月末还是把当月的薪水都花光了。连他自己都不知道钱都花到哪里去了。因为他总是乱花钱，没有把自己的开销记录下来，所以他才会没有储蓄。后来，他把自己的花销非常细致地计算了一遍。这时他才发现，工资的 1/4 就已经足够满足他的所有日常开销了，而其余 3/4 全都乱花了。此后，他到银行开户，打算存下一笔钱。有了银行账户，他每个月领到薪水之后的第一件事，就是到银行把一半薪水存起来。后来，他生活得不但非常幸福，还存下了一大笔钱。几年之后，他发现自己的生活不但没有受到影响，反而还更加快乐。

我们要学会理智消费，将金钱投资在最有价值的领域。在当今社会，有不少人穿金戴银，住豪宅，坐名车，脑袋里却是空空如也，非但毫无学识，而且品位低俗，举止猥琐。这种人很难得到人们的认同与尊重。富足的生活条件并不是幸福生活的全部，只有那些自尊自信、积极向上、品格高尚的人才能过上真正快乐满足的生活。要想得到这种美好的生活，要想让自己变得举止得体、优雅大方，就应当将钱投放在涵养深厚的领域，不断提升自己的精神追求。只有这样，巨大的成就感与满足感才会时时围绕在我们身边。

将金钱投资在价值深刻的领域，会帮助我们培养健康向上的生活习惯，让我们生活得更充实、更快乐，更有价值。

很多赚钱不多的人，却习惯大手大脚地花钱。有时候，他们花光全身上下所有的钱只为买一件古董。这种消费无疑是非常不理智的。我们都知道，像古董这样的奢侈品是那些有钱人才能消遣得起的，普通人在这方面花费大量的金钱是极其不自量力的。

要知道，欲望是永远不能被满足的无底洞。人们会在欲望的支配下不停地购买商品，完全不理会自己是否真正需要它们。这时，就需要运用强大的自制力与准确的判断力来指导自我，坚持理智消费。然而不幸的是，这一点尚未得到人们的广泛重视。许多人完全没有自我控制的意识，整天胡乱消费。

理智消费可以帮助人们摆脱贫穷，独立生活。坚持理智消费的人都坚信这一点："不适当的消费即浪费。"这种信念支撑着他们走出贫穷的阴影，迎来崭新的幸福生活。

第三章

向他人学习，其实就是成为自己

人人都无法离群索居

人天生就是一种群居动物，人的价值只有在社会中才能体现出来，离群索居会使我们几乎失去自身一半的力量。人通过交流而慢慢展示出自己优良的品质。我们可以通过言行来影响、改变周围人的生活，这正是人类的伟大之处。我们无论是生存还是生活都离不开群体的支撑。我们的生活之所以能够充实丰盛、多姿多彩，正是得益于人与社会之间的紧密相连。

人脱离群体，就如同将光鲜亮丽的葡萄从藤上摘下，会渐渐枯萎。生命离开了自身力量的源泉后会失去活力，从而丧失价值。人只有在群体中才能体现出自身的价值，正如葡萄的价值得益于不断为它提供生命力的葡萄藤，我们应该不断从大地中汲取养分，深深地扎根其中。

社会如同一根葡萄藤，每个人都是上面的一颗葡萄。我们存在的价值一旦离开社会就会失去，脱离群体后我们将逐渐枯萎。我们体内的力量只有当我们身处群体中时才能发挥出来，并且这种力量并不是单个力量的简单相加。著名作家吉普林曾说："狼只有在狼群中才具有力量。"

人也是如此，只有在群体中才能发挥出自己的力量，一旦脱离群体，我们的力量会大大降低。这就像是钻石中的原子或分子，单个的原子或分子是一文不值的，但当它们组合成钻石后却拥有珍贵的价值。可以说如果没有其他人，我们也就没有什么存在价值了，个人的力量在很大程度上是由社会赋予的。

我们只有通过与形形色色的人打交道才能获取成长所需的各种精神养分，我们在精神上和物质上都属于杂食动物。如果把孩子限制在狭窄的生活圈子中，他们的能力会逐渐退化直至成为生活上的低能儿。同样地，我们的个人能力在脱离了同伴后也会下降。

人的力量会随着与社会交往的深入而增长。我们与他人进行越深层次的思想交流，我们所获得的力量也就越大；而不与他人交往的人则会变得孱弱不堪。

我们通过与他人的交往，可以在彼此的大脑、心灵之间产生极强的相互感应。这种感应能对我们产生强烈的刺激作用，从而支撑我们的精神，所以我们不能因为这种力量的大小未知而轻视它。与人交流的过程会为我们日渐干枯的胸膛带来新鲜而富有活力的血液。我们的才华与力量都会在这一心灵的加油站关闭后变得枯萎。其实我们通过感官获取的知识很少，如果我们能充分利用自身的某种神秘力量的话，它能满足我们所有的需求。这种神秘力量依靠心灵汲取他处的养分为生，它是生命的禁区，不被人类所掌控。这种汲取养分的过程是复杂的，不能一语概括。就如同我们并不是因为听觉而对听到的好歌心生感动，也不是因为视觉而对看到的美景欢喜不已。这种震撼来自心灵的感悟，它的力量远远超出听觉和视觉的总和。而这种对我们产生深刻影响的力量隐藏在那些美丽事物的背后，例如艺术家性格的巨大感染力。而我们心灵深处的力量，正是被艺术家们性格中的这些积极成分所唤起的。

在与他人交往的过程中，结交具有优良品质之人比赚钱更重要，因为这样做可以显著提升我们的能力，开发出我们自身的优良品质。但也有些人并不能给我们带来好运，对于这种人我们应时刻保持高度警惕。这种人都气量狭小，最爱没事找事，不是在你身上挑毛病，就是对你恶语中伤。他们只会阻碍我们的成功，是不可信的。他们的心灵处在光明无法照入的阴暗潮湿的角落。他们被自我意识遮住了视线，觉得他人身上没有可学之处。他们的心灵被嫉妒占据，以致无法忍受他人的进步，这会让他们心如刀割。他们会恶意中伤行善者及受到称赞之人。他们为了贬低他人的成就，同时掩盖自己的无能，总是以假设的口吻来说话。

对于这种行为，胸襟宽广、心智健全的人十分鄙视。他们会尝试挖掘、开发他人的优点，认为每个人都是容貌鲜活、道德高尚的天使。而那些气量狭小、总爱恶语中伤别人的人，他们眼中的世界毫无美感，只看得到他人的丑陋之处。他们的生活态度消极，单纯、美好、伟大和善良在他们狭窄的眼中根本没有容身之处。他们热衷于破坏，这似乎是他们的天性，但他们却没有修复那些被破坏事物的能力。

那些毫无顾忌地诋毁他人之人是坚决不能做朋友的，任何情况下都是如此。这种人会带给你不好的影响，除非你有把握帮他改掉这些恶习，否则不要去接近他们。议论他人的缺点只会遭人鄙视，我们应谨防迷失在这一陷阱中。这样对别人的人，别人也会找机会这样对他。真正的友谊是在互帮互助的基础上建立的，而这种人总是相互攻击、指责，他们不可能拥有友谊，只会使双方变得敌对。那些清楚友谊的真正价值的人对世界始终充满仁爱、包容之心，他们从不故意刁难人。他们待人发自心底地真诚，这一点每个与之接触过的人都能感受到。

各种力相互的合成与碰撞造就了世界，这种非自发的相互作用存在于世界上每一个角落。这些相互作用是利是弊，由每个人的性格决定。善于发现他人的优点而不是缺点，这是人的一个明显的优点。这一优点使得我们团结一心、互助互爱，然后才有能力同早期恶劣的环境相抗争。大自然优胜劣汰的机制会将那些自私、腐朽的人淘汰，而将博大、可爱的人留下。我们能活到现在自有其道理存在，所以完全不用担心自己不够有爱心。我们要始终怀着一颗宽广仁厚、博大友爱之心，要想不断进步，就必须学会取人之长，补己之短。

我们在生活中评价周围之人的时候，总会下意识地以自己的价值观为标准，这会使我们的观点过于片面甚至偏激。我们只要多与各种不同类型的人打交道，不断拓宽我们的心胸，就可以避免这一问题。我们应该以一个人是否优秀而不是我们的喜好来评判他。每个人身上都是优点与缺点并存的，正直、伟大的同时又卑微、鄙陋。如果只看到他人的缺点的话，我们会因此不喜欢他们，自然更不会想帮他们改掉缺点。放任自己这样去做，我们会变得越来越渺小，而这种观点也会在我们脑海里不断被强化。相反地，如果我们能常常观察他人的优点并努力学习的话，我们自身的品质会变得更好，而那些卑鄙、阴暗的想法最终也将根除。

聪明人的朋友圈，少不了“断舍离”

朋友对我们来说极为重要，俗话说得好：“一个篱笆三个桩，一个好汉三个帮。”爱默生曾如是评价友谊：“一百个狐朋狗友也抵不上一个真正的朋友。”这句话非常经典。要想取得成功，单靠个人的力量是很难做到的，借助朋友的力量会容易很多。朋友在生活中给予我们力量，并且这种力量仅次于我们自身所拥有的，他们极大程度地促进了我们的成功。朋友是在你前进的道路上帮扶、指引你的人，每个年轻人都应该学习与人交往之道，广泛地结交朋友。

友谊是我们无价的财富，任何情况下都不可做出卖友求荣之事。为了我们的友谊能够地久天长，即使现在遭人误解又如何？只有对朋友始终怀有一颗真诚的心，才能顺利化解彼此间的矛盾与分歧。朋友是一笔隐形的财富，对我们来说当然是越多越好，所以我们应努力使这笔财富不断增多，避免因失去朋友而造成不可估量的损失。我们能否快乐地生活，能否取得事业的成功，很大程度上取决于我们是否拥有大量且高质的友谊。

无论何时都能收获真诚友谊的人，是很有潜力获得成功的。因为朋友可以帮助他们在激烈的竞争中站稳脚跟，并最终取得事业上的成功。

朋友对于刚走上社会的年轻人尤其重要。无论是工作还是事业，朋友都能给他们提供很多帮助。拥有真挚友情的人，即是置身于自己的天堂中了。因为这些真诚交心的朋友，会温柔地鼓励处于迷茫、慌乱中的你，使你勇敢地重新站起来；会在你生意失败、负债累累时陪在你身边，给予你慰藉及支持。我们的生活会因为朋友的存在而发生很大的变化，我们从朋友那里获得慰藉，变得快乐而又高尚。

有些人的朋友数量在不断减少，之所以会这样，主要是因为他们既不主动结识新朋友，也不常与老朋友相聚。

生活中有很多把事业排在友谊之前的人，他们完全没有认识到友谊的重要性，对待他人的态度总是十分冷漠。有一个人正在忙于工作时，他的一位多年不见的老同学兴冲冲地去找他，然后被他以三言两语就打发走了，态度极为敷衍。这种为了工作不惜伤害珍贵友谊的人，他们即使赚到钱了也得不偿失。

一个人的成功与他会不会交朋友有很大的关系，想在没有朋友的情况下取得成功是很困难的。那些拥有出众的头脑及才能的人固然有能力大获成功，但如果他们是没有朋友的孤家寡人的话，将永远无法获得真正的成功。

当我们遭遇突发意外时，如果身边一个朋友都没有，境况会十分凄凉。很多人都有一种不好的习惯，那就是喜欢独处，排斥同他人打交道。有些人长期对朋友不闻不问，即使朋友来看望他们，他们也是敷衍了事。像这种一心扑在工作上的人，最终将失去朋友。然后等遇到紧急状况的时候，他们就会后悔莫及，因为这时再也没有朋友愿意帮他们了。

想要仅凭一己之力立足于竞争激烈的社会并取得成功，这是不可能的，我们必须借助朋友的支持与理解。美国一位知名作家曾说过：“友谊构建了一个庞大的相互信任的网络，正是这一信用网络维系着人类社会的正常运转。”这句话的正确性可以从那些成功人士身上得到印证，成功的商人全都拥有真正的友谊。

即使是拥有远大抱负之人，也会因为奋斗环境的艰苦而感到疲惫。但朋友对他们的殷切期望会令他们忘掉疲惫，以更饱满的精神状态，更勇敢、聪慧地重新投入到奋斗中去。

只有那些不向命运低头之人才能最终取得成功。许多人会在困境中选择放弃，如果他们能想想牧师临别时对自己的殷切寄托，能想想年迈的母亲对自己饱含热泪的期盼，能想想朋友们对自己能力的信任及鼓励，又怎会还有这种想法呢？他的勇气和信念都会在想到这些时被唤起，从而勇往直前地向成功迈进。

很多人愚蠢地认为那些鼓励的话语毫无用处，不会促进自己的发展。但其实很多人正是由于缺乏朋友的支持及鼓励，导致自己空有出色的才能及善良的天性，却无法在奋斗中取得成功。

人在缺乏鼓励的环境下生活，会渐渐丧失进取心。许多年轻人其实只要勇敢去闯，是完全有能力取得成功的，但他们的自信和勇气却在父母及老师的打击下完全丧失，对自己的未来感到绝望。其实他们完全可以避免失败的结局，并取得辉煌的成就，只要有真正的朋友经常给他鼓励及信任，多关心他、爱护他。

我们每个人都是有能力取得成功的，但是我们要想充分发挥出自己的能力并取得成功，必须先拥有他人的信任才行。对于朋友，我们给予他的最好的帮助，往往不是物质上的，而是精神上的。我们应毫不吝啬地给予朋友真诚的信任及鼓励，告诉他你坚信他必将取得非凡成就，这些由衷的赞美往往对他们取得成功大有帮助。

“他唯一拥有的就是一群朋友。”有一位来自伊利诺伊州的年轻律师曾如是评价林肯。这份友谊就是林肯最宝贵的财富，它比钱财更珍贵。俗话说得好，众人拾柴火焰高。林肯之所以能取得非凡的成就，正是得益于这些朋友的大力支持与帮助。

伯利勋爵持有这样一个观点，即财富和他人的支持都会伴随着我们诚信形象的建立而来。年轻人的成功离不开朋友的帮助，友谊对他们来说非常重要。朋友会在我们遇到困难时伸手帮助我们、鼓励我们，使我们重拾信心，他们就像阳光般照亮我们的生活。朋友是无价的，他们能够与你一起承担生活中的苦难与悲伤，一起分享欢乐的情绪及成功的喜悦。

人们往往会认为自己之所以能取得成功，完全是凭借自己的辛苦付出以及超高的判断力，是自己的能力所致，而忽略了朋友给自己的事业带来的帮助。拥有这种想法的人是很难再次取得成功的。许多年轻的律师在这一点上就很明智，他们懂得在自己的事业刚刚起步时先努力培养人脉，尽最大可能多交些朋友。而这些真诚的朋友会对他的事业起到很大的帮助作用，促使他走向成功。而那些缺少朋友的支持与帮助的律师是不可能成功的。因为律师在没人引荐的情况下，想要接到诉讼案件是很困难的，这时他再能言善辩、精明能干也是白搭。

朋友对于医生这个行业也非常重要，年轻的医生在事业起步阶段必须得有朋友们的大力支持才行。医术再高超的医生也必须先得到病人的认可，才有机会发展自己的事业。没有哪个病人敢拿自己病弱的身体开玩笑，随意交给一个医术水平不确定的医生。所以医生们发展事业的时候非常需要朋友的支持与信任，他们会为你做宣传，使人们慕名前来找你看病，你在医术上的声望会随之日益升高。

在商场上也是如此。那些白手起家或者小成本起家的商人，要想把生意做好做大，必须先努力获得朋友的支持。

因为你初入商场毫无经验，即使再公平诚信，也很难获得大众的认可。当你凭借优良的服务获得人们的好感后，他们会自发地为你做广告，给你带来更多的顾客。多交朋友好办事，对于商人来说尤其如此。朋友们会为你带来商场的各种最新信息，交的朋友越多，你的财路也就越广，发家致富的道路也更好走。并且朋友间这种物质及精神上的帮助是一种双赢的行为，彼此都能从中受利，而商场上的人更注重物质上的相互扶持。但若在交朋友时只看重物质上的利益，彼此间仅仅通过商业利益联系在一起的话，无疑是对朋友一词的亵渎。只有因高尚的品质而产生的友谊才能长久，才是真正的友谊。

罗马著名政治家、哲学家西赛罗说："就像地球不能没有阳光一样，我们的生活不能没有友谊。世间万物因为有了上帝恩赐的阳光才得以成长，我们也因为友谊的存在而体会到最大的欢乐。"自己不主动付出、只一味要求他人付出的人是得不到友谊的，因为友谊是建立在两相情愿的基础上的。如果只懂得从朋友身上捞取好处，在朋友需要帮助时却总是不见人影，这样的友谊怎么可能会持久呢？只会要求他人付出的人，朋友们终将离他远去。

结交益友，受益终生

朋友究竟该如何定义呢？伦敦有家报社曾在几年前悬赏征集答案，收到了很多不同版本的答案。其中有人这样回答："真正的朋友会始终陪伴在我身边。即使我到了众叛亲离的地步，他们也不会抛下我，而会在心里为我祈祷。"这个答案将真正友谊的定义描述得很准确，尽管这种说法不是很雅致。

那些给予我们力量及勇气、使我们坚定了前进的信念的人，才是我们真正的朋友。他们能唤醒我们心底光明的一面，而我们心中邪恶的一面会因为他们的存在而消失。他们鼓励、支持、理解着我们，给予我们全力以赴的勇气。

我们在应对危机的时候尤其需要真诚的友谊。朋友能够给予那些因天灾人祸而濒临破产的商人支持与帮助。在朋友的鼓励下，这些商人将不再感到无助，他们会重新站起来挽回局势。这样的事情在商场中时有发生，这种友谊是伟大而又珍贵的，我们每个人都渴望拥有它。

然而我们现在已经越来越难拥有真正的友谊了，这真的很可惜。如今，人与人之间依靠金钱及利益联系在一起，我们处在一个充斥着物欲的社会中。我们不能只将朋友当作玩伴，不能将交朋友当作游戏来对待。抱着这样的态度，你永远都得不到真正的友谊。我们应慎重、严谨地看待友谊。

真正的朋友能帮助我们培养高尚的品质及情操，并在生活中给予我们许多实际的帮助。我们时刻都在接受着他们的帮助。朋友使我们得以认识更多的人，从而形成了我们生活中的人际关系网。他们在工作及生活上都给予我们很多帮助，那些原本不愿录用我们的公司，以及那些原本不愿和我们做朋友的人，都会因为他们的热心介绍而重新考虑。他们这么做并不是因为有利可图，而是完全发自心底地想要帮助我们。医生们如果交到这种真正的朋友，那么他的医术或者根治疑难杂症的本领，将会有人热心帮他宣传。律师们如果交到这种真正的朋友，那么他们的辩论水平以及他们新近获胜的诉讼案，都会有人大力向人推荐。作家们如果交到这种真正的朋友，那么他的新书就有人免费为他到处宣传了。

他人的信任能让我们更加自信也更加愉快。我们身边有些人会始终对我们信任有加，那就是我们的朋友。而那些事业上已经有所成就的朋友，他们就像信任自己一样信任我们的能力，对我们既不会看轻也不会心生疑惑，相信我们必将取得成功。他们的这种信任能够促使我们在追寻成功的道路上更加顺利。

“近朱者赤，近墨者黑。”例如查理·詹姆斯·福克茨，他因为从小与埃德蒙·伯克斯混在一起而沾染上诸多恶习。我们只需看看一个人身边都有些什么样的朋友，就能推测出他的人品如何了。我们的人生会因为找到良师益友而大有不同。如果你在遇到困难的时候身边连一个朋友都没有，这种孤独感足以摧毁你的意志。假如这时有好朋友向你伸出援助之手，鼓励你重新站起来的话，你便能更加坚定地向成功迈进。那些已经功成名就的伟人，他们成功的过程都有一个共同点，那就是拥有亲朋好友无条件的支持与理解。他们的每一点进步都离不开身后这些人真诚的鼓励与帮助。

谁不想在自己的生命中总有朋友的陪伴呢？有的人我们一见便确定他将是自己的朋友，但有的人可能终其一生也只是我们的一个认识的熟人而已。我们必须慎重地对待交朋友这件事，因为朋友会在无形中对我们的个性产生深远影响。物以类聚，人以群分，那些不小心交了一帮狐朋狗友的人，只会在这种腐朽的生活中渐渐堕落，迷失了自我。希里斯博士曾这样说道：“友谊是可以影响我们的整个人生的，如果你在年轻时不懂得听取朋友的忠告，凡事一意孤行的话，你将难以取得成功。”我们在与朋友相处的过程中难免会受到影响，各方面甚至个性都会产生变化。

朋友会直接影响到我们的人生走向，品格高尚的朋友和道德败坏的朋友会使我们走上截然相反的人生道路。

对此，查理·金斯利曾感慨道：“习惯性撒谎的朋友会令你越来越虚伪，尖酸刻薄的朋友会令你越来越刁钻，贪婪的朋友会令你越来越小气，只有品格高尚的朋友才能令你越来越富有爱心。”

那些生机勃勃的朋友能为我们的生活注入新鲜的血液，使我们具有更加鲜活的生命力。他们的到来有如春风拂过大地，令人心情豁然开朗。无论是工作还是生活，都会因为有他们而变得轻松愉悦。与有思想、心态积极乐观的人在一起，我们会变得更聪明、更自信、更有能力、更乐于交流。因为他们能够带动周围的人去积极地思考问题，并就不同的观点展开激烈的辩论，这一过程令人受益匪浅。而与毫无生机的人做朋友，却只会浇灭我们的热情、摧毁我们的希望，使我们失去与人交流的欲望，陷入孤独自闭的境地。换句话说，毫无生机的人会令你渐渐变得懒惰，不再去思考，最终对一切都失去兴趣。

爱默生曾经说过：“我们必须对自己需要的朋友类型做到心中有数。朋友是既能分享我们成功的喜悦，又能替我们排忧解难的无私奉献之人。真正的朋友，有责任在我们遇到困难时伸出援助之手，尽全力帮助我们。朋友能拓宽我们的天空，你会被他们的人格魅力所吸引，从此不再感觉孤单。有了朋友们的大力支持作为你坚强的后盾，再大的风雨你也不会感觉彷徨。朋友是会耐心解答我们心中疑惑的人，甚至有时他们只需稍加提点，便能令我们醍醐灌顶、茅塞顿开。能够使我们认清自我的人才是真正的朋友，他们能给予我们勇气与力量、理解与支持，帮助我们走出困境。”

良师益友是我们足以受益终生的学习榜样，这些人会鼓舞我们的斗志，帮助我们追求进步。人都有模仿他人的本能，以他们为榜样，我们自身将会得到改善与提高。一位优秀老师的全力栽培，能令表现一般的孩子变得能力出众，因为他可以开发出孩子身上潜在的能力。我们每个人都需要这样一双眼睛，来发现我们身上潜藏的才华。孩子们是很难认识到自己的优秀之处的，如果老师也不对此多加留意的话，这些优点将永无发光的机会。即使是天资出众的千里马，想要傲然群雄，也必须先有伯乐来发现它的闪光之处。朋友是我们所拥有的最珍贵的财富，他们懂你、欣赏你，并会给予你支持与帮助。

我们需要先培养自身的优秀品质，使自己成为一个有魅力、令人钦佩的人，才能获得朋友的青睐。谁会喜欢跟一个自私自利、无耻、吝啬的人交朋友呢？对于这样的人，大家只会退避三舍。也没人愿意同那些说话做事畏畏缩缩、消极悲观的人做朋友，他们只会遭到大家的鄙视。人们都希望和那些有信心、有胆识、有谋略、慷慨大方、积极乐观的人做朋友,因为人们会被他们强大的人格魅力所吸引,渴望与他们接近。要想获得他人的信任，我们就不能给人一种要挖掘他隐私的感觉，而应发自内心地去关心他。当他渐渐感受到你的真诚后，就会认可你这个朋友，并回以同样的关心。我们能够凭借真诚及热情架起友谊的桥梁，拉近彼此心灵的距离。有些人用心险恶，他们表面上与你相处和睦，背地里却在算计着自己的利益得失。这种人极为自私,他们总是想尽一切办法来利用别人谋取自身利益。人们在看清他们的真面目后，会果断地远离他们。

朋友间应坦诚相待，你对他们的喜爱与敬佩之情都应表达出来，让他们明白你很珍惜这段友谊。把爱憋在心里是一件令人难受的事情。勇敢地向朋友表达出你的感受，让他知道他在你心中的重要性，你不能没有他。这样你不仅不会有任何损失，还能使你和朋友的心贴得更近。

要超越他人，必须善于学习他人的长处

我们要保持胸怀宽广，多学习他人的长处，才能在激烈的竞争中立足。这一点对商人而言尤其重要，抓紧一切机会向对手学习，是一名商人获得成功的必要条件。

成功永远不会属于那些因循守旧的人。芝加哥有一名零售商，他刚刚踏入这一行时，曾花费整个假期的时间将全国优秀的零售商店都参观了一遍，借鉴了大量的经验教训。后来，他的生意越做越大，但他依然坚持向对手学习，内容包括销售技巧和管理制度，并积极将所学纳为己用。

后来，在被问及自己成功的窍门时，这位零售商答道："我成功的唯一窍门就是善于跟别人学习，特别是跟我的对手们学习。"通过对他人的借鉴，他在自己的商场中发现了很多原本毫无察觉的缺陷。为了弥补这些缺陷，他在商场中实施了多次改革，裁减多余员工，提升工作效率，使得生意的规模不断发展壮大。

一个商人如果不清楚对手的状况，那么基本上也察觉不到自身的缺陷。要想壮大自己的生意，必须要时刻与同行保持联络。在与同类型商家的沟通过程中，可以对本行

业的竞争现状得出全面深入的认识，制定出最合时宜的发展策略，增加盈利。

持续不断的新陈代谢，帮助我们维持生理和心理的健康。同理，一名商人要想突出重围，在竞争中取胜，就必须放低姿态，通过不断地向他人学习获取有用的新知识，以指导自己的管理行为。

在我们的成功之路上，他人对我们的影响是很关键的，然而很少有人认识到这一点。这些人促进了我们的前进。他们关心我们的生活，激励我们的思想，使我们燃起了成功的希望，并提高了我们的才华及能力。

现实生活中，我们总是过于看重书本知识，认为只要接受了高等教育就能成为一名有用的人才。但我们接受高等教育，最重要的目的是使自己成为一名品格完善之人。我们需要通过与他人的交流来完善自我。这是一种真正用心去交流的过程，可以促使我们在思想上得到质的飞跃，甚至还能提升个人才能。虽然学习书本知识也是我们的重要目的，但通过思想交流却能使我们放飞梦想，为我们带来新的希望，这种收获是一笔不可估量的财富。

很多作家都明白一个道理，他们知道朋友才是促使他们写作的动力，因此把自己作品的成功归功于那位朋友。的确，如果没有朋友的帮助，他们也不可能充分发挥自身潜力，写出这样伟大的作品。对于每个人其实都是如此，我们要想发挥那些深藏体内的强大的能量，必须得有合适的人选来帮助我们共同挖掘。

我们只有在与人交往的过程中才能认识到自身蕴藏的才能，一味地封闭自己就等于亲手封锁了这座储藏能量的宝库。如果我们能够与朋友们保持长久的友谊，并且相处融洽、时常聚在一起的话，我们身上所蕴藏的才能将源源不断地得到开发。“三人行，必有我师焉。”我们应该在日常生活中多从他人身上学习独特之处，取其精华纳为己用，必定会不断有新的收获，取得事业上的成功也将易如反掌。朋友是我们每个人自身潜力的最出色的开发者。

我们应该在日常生活中抓住一切机会去摸索、学习，完善自我，使自己的各种能力都得到锻炼、提高。我们要想成长为一个完美的巨人，尤其需要提高自己的人际交往能力，因为这种能力是我们得以吸取他人长处、完善自我的前提。

我们能从那些比我们出色的人身上学到很多有用的东西，并在他们的磨砺下，由棱角分明过渡成光滑、成熟的样子，成为具有迷人风度之人。不与这样的人来往是很愚蠢的行为。

在我们的生活中，每个人都能让我们受益匪浅，只要我们努力去挖掘他们自身这座宝库。他们能使你的经验及阅历都更加丰富，为人处事更加稳重、完美。我们要想了解充实的生活的含义，也必须从他们身上去体会。

在现实中，除了睿智之人，很少有人会有主动从别人身上学习的意识。然而，要想获得进步，就必须培养这种意识。只有这样，才能客观地看待自己和他人，借鉴他人的长处，弥补自己的缺陷。

在我们的生活中，失败者往往是那些屈从于自己的习惯、拒绝一切改变的人。这类人没有长远的目光，只满足于眼前小小的成绩。他们察觉不到自己的缺陷，也发现不了他人的优势，即便发现了也怠于学习。成功绝对不会眷顾这类人。

如果一名酒店老板精于学习之道，那么他在进入别家酒店参观时，马上就能意识到自家酒店的缺陷，进而开始思考应该如何弥补这种缺陷。外出一天能学到的东西，要比困守家中一年还多。

改变不能一蹴而就。就如盖房子需要逐日添砖加瓦一样，改变需要从细节入手，慢慢累积，逐渐改善。

上班时，一有空闲便要考虑这样一个问题：今天我需要做哪些工作来推动自己的事业进步？

要成为一名成功的商人，就应该做到这一点。我认识一位商人，无论是在事业发展初期，还是在小有所成以后，他一直在不断追问自己这个问题。他正是通过这种途径，使得自己每天都在进步，最终功成名就。

多接触积极向上的人

一个人所处的环境，与他能否确立远大的人生目标，最终成就一番事业息息相关。这种环境因素包括：你所在的环境氛围是否积极乐观，周围的朋友对你的想法与目标是否持肯定意见。

人们总会在交际的过程中无意识地受到别人的影响，因此朋友的选择至关紧要。在确定是否要与某人深交之前，一定先要对其展开深入了解。当局者迷，尽管我们自己很难意识到朋友在我们身上留下的烙印，但旁观者却往往对此一目了然。

人刚出生时就好比璞玉，在成长的过程中，会遭到周围环境的不断打磨。甚至可以这样说，我们身边围绕着怎样的朋友，将直接影响到我们人生的成与败。好的朋友会不断打磨着我们，促使我们释放出不为人知的绚烂光辉。然而，很遗憾，并非所有人都拥有这种良机，很多人空有满腹才华，却终生无法得到释放的机会。将人们的潜能完全发掘出来，是穷尽一生都不可能完成的任务。

每个人都有潜能，可是并不是每个人都知道自己的潜能究竟有多大。有些经历过失败的年轻人，虽然貌不出众、语不惊人，看上去和平常人完全一样，但是他们在经历了失败之后，潜能被激发出来，从而获得了超出众人的能力，拥有了不畏艰险的勇气，因此才做出了很多伟大的事情。也许连他们自己，甚至是他们的亲朋好友都没有想到他们会变得如此强大。逆境造就人才，很多人都是在逆境之中成长起来的。若是人们对自己体内隐藏的潜能有了充分的认识，便可以最大限度地发挥出自己的能量，创造出伟大的奇迹。这与脱了缰的野马方能尽情驰骋到达自己的最高速度是一样的道理。

人的潜能经常被一些看似不起眼的小细节激发出来。一句名言，一场演讲，一本好书，一场布道，朋友一句激励的话语，都有可能对潜能的发挥产生意想不到的巨大作用。

我有几位朋友，都曾在商战中遭遇惨败，从此一蹶不振。他们之中的有些人在机缘巧合之下听了一场鼓舞人心的演讲，有些人则读到了一本励志的好书。这些看似微不足道的经历竟然就此将他们的潜能释放出来了，让他们鼓足勇气，重整旗鼓，将自己由黑暗的深渊引向光明的未来。

无数年轻人在听取了威博斯特、文德尔·菲利普斯、亨利·科莱等演讲大师的出色演讲之后，振奋精神，勇敢地踏上了追求成功的道路。他们对于推动美国的发展进程功不可没。

美国建国之初，无数年轻人在当时成立的各种各样的社团中饱受鼓舞，坚持奋斗，为祖国的发展奉献出了自己全部的力量。可想而知，若是没有了这些社团言论的鼓舞，他们之中的大多数人是不会有这样的觉悟的。

立志闯出一番事业的人更适合到城市发展。大城市每天都在上演着一幕幕的成败好戏，跟平静的乡村相比，这里就像是万国博览会。城市中到处传递着积极进取的信息，这对于人们的发展进步将起到巨大的促进作用。

乡下的孩子初到城市，极易被这个五光十色的大环境影响，激发出自身积极向上的进取之心。他们会在城市的大环境中看到人们都在做些什么工作，通过努力可以取得怎样的成果。无数前所未见的景象扑面而来，庞大的建筑工程、大规模的工厂、装修华丽的办公楼、繁华的街道、舒适的生活条件，都在引诱着他们，刺激着他们。有种念头在他们脑海中疯狂肆虐：别人可以拥有，我也一定可以！我一定要发愤图强，闯出自己的一片天地！

进取之心可以影响到周围的人。如果你在公共场所，恰巧遇到人们正在谈论一名成功者的经历，那么你便会很自然地问自己："为什么我没有取得他那样的成就？我并不见得就比他差，既然他能成功，我肯定也可以。"人们若能带着这样的念头投入工作，其成就必然远远超过现在。

很多乡间小企业的生意十分不景气，这些企业的老板于是来到城里，与城里的大企业老板展开交流。在交流的过程中，小企业老板的进取心被大大激发出来。回去之后，他们马上在企业中实施了一系列的改革措施，最终成就显著。

不单是企业，类似的事件也会发生在个人身上。例如，乡间的医生到大城市的医院参观学习。通过和一些名医的交流及亲身参与实践，他会很自然地树立起远大的志向，誓要在医学领域创造出属于自己的辉煌。

处在地理位置偏远的地区，因为竞争的缺乏、见识的浅薄，人们往往安于现状，不思进取。在这种环境中，他们的潜能完全得不到发挥的机会，最初曾有过的远大抱负也没有了实现的可能。很多人在不知不觉中流落到被社会淘汰的边缘，就是因为他们习惯于安稳的现状，机械地过着一成不变的生活，完全没有学习新知识的意识。

我们要保持进取之心，就需要多接触一些目标明确、意志坚定的人。在与他们交流的过程中，我们必将受益匪浅。

没有激发自身斗志的环境，是生活在乡下或小城市的一大劣势。人们无法从自己所处的环境中受到激发，释放出自己的潜能，所以只能自甘平凡，毫无追求地度过生命中的每一天。

我有一位自制力非常强的朋友。在他看来，消沉悲观便等同于失败，所以他从来不会纵容自己产生半分消沉的思想。为了避免受到消极情绪的影响，他也从来不会与那些消极悲观的人打交道。

没有人能够摆脱周围的环境给自己带来的影响，这一点人们不得不正视。因而，在现实生活中才会产生这样的现象：在成功者之间会形成一个社交圈子，其中的成员全都是成功人士；在失败者之间也会形成一个社交圈子，其中的成员自然全都是失败人士；命运凄惨的人会自动聚集起来，形成属于他们的社交网络，其中没有一个不是身世可怜之人。

刚刚毕业时，人们总是怀揣着美好而远大的理想。然而，在社会中磨炼一段时间以后，他们的理想会随着不断地受挫而备受打击，最终沦为空想。原因就在于，社会是一个与学校截然不同的大环境。当人们处在单纯的校园之中时，周围是良好的学习环境和诚恳的社交环境，这些都使得他们能够自信满满、心无旁骛地去追寻远大的理想。然而，当他们踏入竞争激烈而残酷的社会大环境中，处处感受到人与人之间的钩心斗角时，便很难不对现实失望，最终丧失了当初昂扬的斗志与美好的理想。

可是，年轻人们应当记住，再糟糕的环境都是可以改善的。无数伟大的人物都是在糟糕的环境之中创立了自己的事业，诸如林肯、富兰克林、弗雷德·道格拉斯、约翰·沃纳梅科、马歇尔·菲尔德等，无一例外。正是他们所处的糟糕的环境，使得他们的意志得到了最大的磨炼机会。正是这种强大的意志支撑着他们与环境对抗到底，最终战胜了环境，取得了巨大的成功。

年轻人务必要及早开发自己的潜能，确立一生的奋斗目标，从而为自己建立起强大的防御机制，将外界环境的恶劣影响牢牢挡在外面。这样一来，才可以可给自己的才能以充分的发挥空间，成就一番伟大的事业。

第四章

精简社交，如何善用人际关系

良好的形象，提升你的人格魅力

一个人良好的仪表有两方面：身体洁净、衣着得体。这两方面往往密切相关，衣服干净整齐表明其主人很注意个人卫生，而看起来邋遢的人则是有失仪表的。

外表可以反映出一个人的内在，所以身体是最能反映出自我的一种方式。对于外表邋遢、丑陋之人，我们常常自然而然地认定他们的思想也是如此，通常这么认为也没错。那些不讲卫生的人，他们的思想恐怕高尚不到哪儿去，他们的生活方式也不可能会健康。例如不爱洗澡的年轻人可能也不注重心灵的净化，不注重仪表的女人通常不被人喜爱，她们很可能就此堕落。

清洁在《塔木德经》中紧随神性排在第二的位置。在我看来，清洁即是一种神性，二者的地位是等同的。一个人如果能同时做到精神与肉体的清洁，那么他的境界将远高于常人。而那些不注意清洁的人和野兽有什么区别?

外表和性格是相通的。如果有人在其中一方面不修边幅的话，那他在另一方面也可能会如此。很少会有外表整洁、健美，内心却阴暗卑鄙的人。

不管是从审美还是从道德的角度出发，都很有必要通过保持清洁来维护自身的利益，很多人正是输在不注意清洁上。我记得很多能干的速记员正是因为指甲上的污物而丢了饭碗。还有我的一位熟人也是如此。他聪颖诚恳、很有才华，但却因为不注意清洁而丢掉了在一家大型出版社的工作。

前不久，有一位女士给我讲了个故事。有一天她去商店买丝带，但是当她看到女售货员脏兮兮的手时却不愿意买了。因为她觉得售货员用那么肮脏的手触摸丝带，是对丝带的美的玷污。没多久那家店的老板也注意到了这个问题，于是那个女售货员被客气地辞退了。

要想拥有良好的仪表，必须养成勤洗澡的好习惯。最好是每天都洗一次，这样才能保持皮肤干净、健康。

另外，保持头发、手和牙齿的清洁也十分重要。对于它们的清洁工作，我们必须始终认真对待。

即使你买不起全套的护理工具来保养自己，也至少要做到将指甲修剪干净，因为指甲剪总是买得起的。

很多人吃亏在不注意牙齿的护理上面，其实这原本是一件很容易做到的事情，只要稍微花点心思即可。有些年轻人虽然穿衣打扮十分得体，仪态也落落大方，但却不注重牙齿的护理。牙垢、蛀牙或者门牙的缺失都会影响一个人的仪表，而严重的口臭更是令人难以忍受。没有哪个老板愿意聘请门牙缺失的职员，牙齿不好的人找工作都会更困难。人们如果能清楚牙齿不好带来的严重影响的话，就不会再忽视对它的护理工作了。

在这个社会中，我们最佳的衣着不一定要是最贵的，但一定得是大方得体的。朴素的打扮也可以穿出自己的魅力来。这些物美价廉的衣服到处都有卖，我们随时都可以把自己打扮得大方得体。即使你真的因为生活清贫而衣着寒酸，也不必羞愧。有时候，穿不要钱的新外套还没有穿自己掏钱买的旧外套有尊严。人们会讨厌邋遢之人，但却不会反感穿着寒酸的穷人。穿着打扮量力而行即可，再穷的人也一样可以穿着得体。只有自己先尊重自己，才能得到他人的尊敬。所以，我们应该在生活中注意保持自身的清洁，维持最佳的仪表，自尊自重，为人诚信，这样做会使我们的人生之路更加顺畅。

赫伯特·乌里兰先生对此深有体会。他由长岛铁路普通的路段工成长为纽约铁路局的董事。他在提起这段经历时说："人的成就虽然不是凭借衣着，但得体的衣着却能给你带来一份好工作。假设你仅剩25美元，那么对你来说最好的花法就是，花20美元买衣服，4美元买鞋，1美元买剃须刀、理发刀和领结。然后用它们把自己打扮一番再去找工作。"

很多名企都有规定，衣冠不整、穿着褴褛、打扮邋遢者概不录用。“招聘的原则其实很简单，最重要的一点就是应聘者必须仪表整洁。”芝加哥最大零售商店的主管如是说。

璞玉的价值虽然远高于经过抛光处理的玻璃，但却往往不被人欣赏。所以应聘者必须重视自己的仪表，能力和特长都在其次。许多有才干的人因为仪表的原因而被招聘单位拒绝，也有些能力不如他们的人因为良好的仪表而得到录用。后者的能力或许还不及前者的一半，但是他们得到了这个机会并且会想办法留住它。

不仅美国的招聘是这样，英国也一样。《伦敦布商》杂志曾就英国的这种招聘原则评价道：“生活中邋遢的人，工作中也会马虎对待。只有讲究个人卫生、着装整洁的人才能细致地对待自己的工作。注重仪表之人也同样会重视自己的工作。一个人的工作台上是什么样，只需看看他手提袋里的情形就可以想象出来。一个注重仪表的女售货员必然会对污损的衣领、袖口和皱成一团的领结感到排斥。有一点毋庸置疑，不注重仪表本来就是一个人性格邋遢散漫的体现。”

每一个渴望成功、渴望受人尊敬的人都必须重视衣着。一个人的穿衣风格能体现出他的性格特点，而他的性格又决定了他的穿衣风格。整洁的穿着会使人自觉地保持优雅的风度，而衣着破烂者总会有低人一等的感觉。不同的穿着会使我们产生不一样的感觉，例如衣衫褴褛者会使我们感觉有失庄重、毫无尊严。肮脏、不合身的衣服会破坏我们的精神面貌，而得体的穿着会使人显得精神百倍。伊丽莎白·菲尔浦斯也认同这一点，她曾说："不仅仅是清白的良心能赋予人类精神上的力量，注重仪表的意识也能赐予人精神力量。很多人能顺利渡过难关，仅仅因为其领口挺括、手套洁净。"

败在着装和仪表的不整洁上是一件非常可悲的事情。很多年轻人在面试时因为这个原因而被淘汰，他们空有满腹才学和过人的能力却不被录用，真是让人扼腕叹息。

面试官其实在你进门的那一刻就已经决定了你的去留。经验丰富的面试官只需一眼就可从你的仪表判断出你的为人，那些衣冠不整、仪态不够端庄大方之人是不会得到录用的。

仪态端庄、神采奕奕、思维清晰的员工最得领导的赏识，因为他们为暗沉的工作环境增添了色彩，使人感觉愉快。有一位商人对此深有体会："对于一名衣着总是整洁得体、为人处世始终落落大方的商人来说，他的投资往往会获得过半的收益。而我们每个人其实都可以做到仪表整洁、仪态大方。"获得丰盛的回报其实就是如此简单。只要商人们努力做到时刻保持亲切的笑容，以和气的态度去满足顾客的需求，他们就可以得到丰盛的回报。

衣着整洁得体总是对人有益无害的，得体的衣着可以带给人自信及力量。人总免不了被所处的环境影响，即使是自制力极好的人也一样。如果你总是衣冠不整、邋遢随便，房间也乱糟糟的话，那么你很快就会养成其他的恶习，你的思想也会随之渐渐堕落。而好的环境能带给人正面的影响。例如当你满心忧伤、身体不舒服或者心烦意乱不想工作的时候，别忙着换上睡衣上床睡觉。你不妨试试舒舒服服地洗个热水澡，然后把自己打扮一新，犹如即将要赶赴一场盛大的晚宴。这时你会有焕然一新的感觉，重新恢复神采，不再感到忧伤和不适。

我所说的要注重着装并不是指像英国的花花公子博·布鲁梅尔那样。他每年仅仅添置衣物就花掉4万美元，出门前往往花几个小时来扎一个领结。这种人一心都花在着装上，太讲究外在，反而忽视了内在的修为。这种过分注重着装的行为还不如完全不在意它，我认为穿衣打扮应量力而行，得体就够了。

很多年轻人误以为只有穿上贵重衣物才算是穿着得体。他们辛苦攒钱去购买昂贵衣物，即使买不起也会买些赝品来穿。他们都处于社会底层，通常穿着大格纹的衣服，打猩红色的领带，佩戴廉价的戒指，也就是克莱尔所说的“花里胡哨”的人。他们的精神追求和物质追求只剩下穿着打扮这一项，而忽略了思想的修炼，这是一种得不偿失的行为。

过分注重穿着打扮的女人也是同样的情形，她们认为只有衣着才能体现出她们的气质。但这种刻意为之的打扮往往比衣冠不整更惹人讨厌，给人一种夸张妖媚、俗不可耐的感觉。

世人均认同莎士比亚的一句话："衣着是一个人的门面。"然而生活中仍然有很多被指责衣着不得体的人存在。事实证明，这句话是一条行之有效的准则，尽管单从衣着来评判一个人显得有些肤浅。对于有理想、有追求之人，他们选衣服会像选伴侣一样认真对待。有这样一句古话："要判断一个人的为人，只需看看他身边的伴侣即可。"某位哲学家也曾说过："我可以通过这位夫人一生的穿着打扮写出一本关于她的传记。"这句话相当精辟。

"漂不漂亮对女孩子来说并不重要，穿着打扮更加无关紧要。" 西德尼·史密斯的这种说法十分荒唐，毫无说服力。稍有常识的人都清楚漂亮和衣着对女孩子的重要性，一条新裙子或者一顶合适的帽子也许就能影响她一生的幸福。关于这一点，父母最明智的做法就是引导女孩子正确看待衣着的作用。虽然我们的成就并不是依靠衣着，但它的确能带给我们意外的惊喜。普林提斯·穆尔福德认为衣着可以影响自身的精神面貌。这种观点我们在自己身上就可以得到印证，衣着的确在影响着我们。

对于一个穿着又脏又破的晨服的女人来说，她的手和脸干不干净、鞋子有没有破损，这都不是她所关心的问题，她甚至会连自己的头发是否整洁都不在意。她能接受破旧的晨服，那么在这种心态的影响下，其他仪表上的不整洁之处她也可以欣然接受了。慢慢地，她会变得连自己的风度举止和思想都不再重视。其实，她只要稍微注意着装，就能改变自己的形态举止。比如换一件漂亮的裙子，那么她会为了这件裙子而把头发梳理整齐，把脸、手、指甲都整理干净。她的思想也会随之发生改变，不再与邋遢随便者为伍，而对仪表整洁者产生由衷的敬意。改变衣着可以对自己的思想意识产生立竿见影的影响，想改变自己思想的人赶快行动起来吧。

衣着的确在很大程度上影响着我们的思想，即使是布丰，也逃不出衣着对他的影响。他在书房里总是会穿着礼服，甚至还佩戴着他的剑，因为他说自己只有穿上礼服才能开始有效的思考。

衣着寒酸、不合适不仅让人觉得难受，也会有失体面。粗陋的衣服使人举止拘谨，而得体的衣服刚好相反，它们会使人举止优雅而有风度。即使是宗教也无法令人下意识地去保持举止优雅，但得体的衣着却可以做到这一点。

社交活动中，如何胜出

在社交生活中,最受欢迎的是能给大家带来欢乐的人。在切斯特菲尔德勋爵看来，这种可以带给他人欢乐的能力是一种最宝贵、稀有的财富。成为一名受欢迎的人是社交活动中最重要的事。获得欢迎的前提条件是我们的谈吐必须风趣幽默，这样才能引起他人的注意。否则，人们会像躲避洪水猛兽一样对你敬而远之，那么你的目的也就很难达成。人们都喜欢那些性格活泼、乐观、热心的人，因为这些人可以给周围的人带来欢声笑语、阳光和颂歌。

要想在社交活动中胜出，我们首先必须努力赢得他人的兴趣。但必须注意的是，这种兴趣必须是发自内心地对他人感兴趣。所以切勿矫揉造作，这样只会招致他人的唾弃。与人交流时，让对方感觉到你对他及他提到的每件事都非常感兴趣，这是最好的可以使人与你交心的方式。这一准则对世界上所有人都适用，特别是刚踏入社会的年轻人。

社交活动中的事都是相对的，你拒绝别人的同时，别人也可以拒绝你。在这种场合切忌只谈论自己、一味地回忆自己光荣的过去。因为这样做只会使人产生压迫感，而没有任何愉悦感可言，人们会飞快地远远躲开。

追求阳光和欢乐、远离阴霾和忧伤是人类的天性。愉快、和气的脸人人都爱，而总是满脸忧郁之色的人不可能得到周围人的欢迎。

那些没有趣味的人，会令与他相处的人感到痛苦，仅仅是见面时的互相问候就让人无法忍受，与之交谈时感觉更甚，因为人们完全不明白他们究竟想表达一个什么主题。

很多人把优雅的举止看作一种矫揉造作之举。他们认为不加修饰的人性才是最美的人性，就像天然去雕饰的钻石才是最美的钻石一样。在他们眼中，真诚之人应该是直截了当的，而热爱真理的人必然会有所成就、受人敬仰，即使他们的外表再粗俗也不会对此产生影响。虽然他们的这种见解也有可取之处，但是他们忽略了一点。外表粗俗之人，即使如璞玉一般价值连城，但未经雕饰的璞玉没有人会愿意佩戴。因为再稀有的石头在没有经过雕饰前是显现不出其价值的，常人的眼光不可能分辨得出它和普通石头的区别。雕饰的精密程度会对它的价值产生一定的影响。

如果一个人高贵优雅的品质因为他外表的粗俗而不被人发现，这是非常令人惋惜的，并且他们自身的价值也会因为外表的粗俗而降低。通常只有观察敏锐的聪明人才能发现他们内在的价值，其他人不留意的话根本不会发现。

对于有才华的人，良好的修养、惹人喜爱的性格和优雅的举止会使他的价值增长上千倍。

第一印象往往如同烙印一般根深蒂固、难以改变，不管是好的还是坏的均如此。当然了，在交往中，仅凭第一印象来判断一个人的品性是非常片面的，也不可取。只有当我们对一个人有了深入的了解以后，才能全面客观地对其做出评判。可是事实上，我们的大脑会在我们遇到初次见面的人时飞速运转并进行计算，而这一点我们并不知情。当我们集中精力观察对方并快速地对其做出判断时，我们身上所有的细胞都处在高度紧张状态。我们的大脑会迅速地根据对方的言行举止，经过紧张的计算得出结果。我们对人的初步判断就是这样得出的，整个过程都在瞬间完成，但对我们的影响却极大，我们很难彻底忘掉对人的第一印象。

我们往往需要花费大量的时间与精力，去弥补留给别人的不好的第一印象。我们甚至因为留给对方恶劣的印象而必须写信向对方道歉，但结果却收效甚微。之后的道歉及努力产生的影响，根本无法同强烈的第一印象相提并论。第一印象已经牢牢地扎根于对方脑海中，之后再如何努力改变都收效甚微。所以，事业刚刚起步的年轻人必须特别注意，一定要给初次见面的人留下良好的印象。如果给人留下不好的印象，会使你的事业在起步阶段就遇到障碍，更不要提长期发展了。

真正的男子汉必定会给人留下良好的第一印象，因为他们品格高尚、光明正直。这些明显的性格特征犹如灯塔，引导人生之船顺利地航行于浩瀚之海。得体的仪表和优雅的举止能从侧面反映出你真实的涵养，也能为你赢得世人的信任。

很多人不知道自己为何会不受欢迎。在社交活动中大家总对他敬而远之，他们只能伤感地独自坐在角落里，看别人愉快地嬉戏、聊天。他们即使能找到话题加入到谈话中，也很快就会被再次排除在外，就像是有外力在将他们拉离这个谈话圈子。他们似乎命中注定要过着向隅而泣的生活。他们既无法邀请别人，也很少被别人邀请。他们毫无魅力可言，甚至犹如冰柱般使人得不到一点温暖。

有一位男士就是如此。他是一个很有才华、工作认真的人。他渴望在工作之余能放松一下，但却事与愿违，他在生活中总是不受欢迎，找不到一点乐趣。对此他十分苦恼，因为许多能力远不如他的人却能在社交活动中如鱼得水。之所以会这样，从根本上说是因为他的自私，但遗憾的是他自己并没有意识到这一点。他们的心中只有自己，考虑问题也总是站在自己的立场上。他们对除自己以外的人全都漠不关心，从不会关注他人的喜怒哀乐。他们在谈话时总是将话题围绕着自己,而这种行为是很令人反感的。

他在社交活动中失败的另一个重要原因是不会散发自己的魅力。其实人就好比磁铁，磁性来源于我们的思想和动机。而斤斤计较和投机取巧会使这块磁铁的磁性变得只针对自己，这使得我们除了自己，谁也吸引不了。现实生活中有很多这种错误的例子。有人只释放能吸引金钱的磁性，有人只释放能吸引权势的磁性，他们眼中只剩下金钱和权势。这种磁性如果太强，会使人腐朽堕落。

生活中还有些人却恰好同上述之人相反。他们心灵美好、性格完美，能使每一个与之相处过的人自发地维持优雅从容的举止。他们极具亲和力，使得所有人都爱戴、尊敬他们。因为他们心怀天下，对周围所有人都充满爱，所以他们也得到周围所有人的爱与尊敬。他们以广阔的胸怀祝福着所有人，如磁铁般吸引着形形色色的人们围绕在身边。

我们在观察人群时，下意识地便可找出那些具备主流品质的人。我们可以透过一个人的言行举止来对他的品行、为人做出推断。他可能孤高自大、清高傲慢，也可能孤独寂寞、超脱世俗；他可能慈祥仁爱、胸襟坦荡，也可能甜美清纯、活泼可爱。不同的人有不同的气质，我们会根据自己的观察选择值得交往的朋友。因此，养成优雅的举止和惹人喜爱的品质可以帮助我们交到更多的朋友。

冷酷乖张、严重以自我为中心的人毫无魅力，他们不受欢迎，总是遭到别人的厌恶与排斥，没人爱也没人愿意接近。那么究竟成为什么样的人才能有魅力呢？对世人皆怀有仁爱之心的人就是极具魅力的。这样的人会受到异于常人的欢迎，人人都想和他交谈，并对他兴趣浓厚，总是像谈论所崇拜的英雄似的时时谈论着他。只有先付出自己真心的爱，才能获得他人的爱与帮助，这个道理对每个人都适用。爱使我们消除隔阂、抛弃自私自利的念头，爱使我们的生活平静祥和。我们对他人的爱与尊重应及时表达，努力做个有趣之人。真心热爱他人的人必定会广受欢迎，得到他人的热爱。

一个人的声音是否优美动听，也是决定他能否在社交活动中受到欢迎的关键因素。

“即使身处黑暗的房间中，我也能根据周围的人的声音判断出他的人品，是温文尔雅还是凶神恶煞。” 托马斯·希金森这样说道。

据说在埃及古代的审判中，为了保证法律的公正，防止法官被犯人的言语所蛊惑，犯人只能通过书面形式为自己辩护，并且主持审判的大法官在宣布判决结果时必须言语简洁。我们从这一点就能看出话语的作用之大。

人类的声音具有如此神奇、伟大的力量，这一点难道不会令你心动，想要让自己的孩子也拥有这种力量吗？不让孩子接受一点语言方面的训练，这种做法是对父母本身的一种侮辱。当我们看到一个受到最好教育的可爱的孩子，却无法用语言将自己的想法表达清楚时，必定会十分痛惜。对于那些说话别扭、不经大脑的人，毫无疑问他们的事业发展及个人前途会因此受到阻碍。女孩子似乎生来就该具备泉水般动听的嗓音，所以这种能力对她们尤其重要。

当今美国社会存在一种弊病，大学生们在学校里一边学着呆板的语言，一边学着高深的数学、物理、文学及艺术，导致这些本该以优美的声音来谈论的东西，被他们嘈杂地谈论着，听起来十分刺耳。

还有很多女士讲话粗鲁、不和谐，所以尽管她们名校毕业，接受过高等教育，敏感的人还是无法与她们正常交流。

每个人的声音都可以做到极具感染力，只要经过适当的训练以及调整。听声音干净、有韵律感的人讲话，就如同听从一把神圣的乐器上流淌出的美妙音符，两者都是一种莫大的享受。

我认识一位有着圆润、优美嗓音的女士，她每每开口讲话都能赢得众人的喝彩。她甜美的嗓音令人无法拒绝，并且更增添了她的魅力。她的声音能赋予枯燥、沉闷的语言以活力。她的嗓音清脆、动听、富有生命力，随着她开口讲话而流淌出来，如同溪水流过干涸的大地。这种甜美神圣的声音一定程度上使她的品质更加高尚、个性更加迷人，她因此而变得魅力无穷。

我难以忍受女士们在社交场合粗声大气地说话，这会使我感到心烦，令我的神经绷紧。

纯洁、和谐、生动的声音是上帝赐予我们的神奇的礼物，它体现了我们修养的良好及品格的高尚。我们每个人都可以凭借它来增添自身魅力。说话字正腔圆、停顿有序之人品位必定不会差。我们只要合理运用语言的力量，往往会有意外的收获，尤其是女士。

那些活在自己的世界里、永远把自己放在首位的人是很惹人讨厌的。他们长期过着与世隔绝的生活，这使得客观、开放的生活成为他们遥不可及的梦想。而他们可能也没发现，使他们丧失热情活力的原因，正是这种长期与世隔绝的生活。他们冷酷无情，就像寒冷的冰柱一样，往往会令周围的人感到不寒而栗。

我曾经认识一个因相貌普通而很没自信的女孩。她自卑又敏感，对任何事都感到沮丧，提不起兴趣来，甚至想要封闭自己的心，她的精神状况曾一度接近崩溃边缘。

幸运的是，她后来通过朋友的帮助走出了困境。那位朋友只是灌输给她这样一种观点：优雅的举止及高雅的情调比漂亮的外表更有价值，而且想要获得也相对容易一些，所以相貌普通没有关系，我们还可以追求情调的高雅及内涵的丰富。

在这位朋友的帮助下，她一改往日的自卑及敏感，变得乐观自信起来。面对生活，她心态积极乐观，昂首挺胸，步伐轻盈。她将自己关注的重点从漂亮的容貌转移到优雅、得体的举止上来。她开始相信，她身上也蕴藏着有待开发的独特的闪光之处，她是上帝的杰作。

现在的她，满心都是如何展现自己的优秀与美好，不再担心因为长得丑而不受欢迎。她的这种做法是明智之举。她曾经说过："现在看来，我最初坚持鼓励自己、防止自己再陷入痛苦中的做法是对的。"

想法的改变使得她开始想方设法地提高、完善自我。她大量阅读经典著作及优美散文，收获了各类知识，探索到生命的源泉及完善自我的方法。

她以前认为自己打扮得再漂亮、举止再优雅也没人欣赏，所以并不重视穿衣打扮。而现在的她总是衣着得体、大方，并努力保持优雅的举止，因为她的想法已经与过去完全不同。

她通过自己的努力由丑小鸭跃升为白天鹅。她开始在社交场合变得受欢迎，而不再是被置于角落的旁观者。她变得风趣幽默、善解人意，善谈并且说话充满魅力。她因此成为各种聚会的常客，甚至比那些漂亮女孩还受欢迎。这种转变真让人难以置信，这个正被人羡慕着的人，仅仅几个月前还在羡慕着别人。她不仅在短时间内战胜了心魔，还通过努力成为她的生活圈子中最优雅、最有魅力的女孩。

只有拥有过人的毅力与决心之人才能完成这种艰巨的任务。她不仅克服了消极自卑的心理，还通过完善自我、提高修养的方式有效地弥补了容貌上的不足，真的做得很好。

对于处于失望及忧郁情绪中的人来说，通过自己的努力变得愉快而乐观，这是一件很有成就感的事。还有什么比美梦成真更令人感到快乐的？

用淡定的心态去面对脾气暴躁的人

米拉伯在进行一场以赛马为主题的演讲时，会场内频频出现的恶劣的叫骂声将他打断。米拉伯于是对台下最激愤的那个人温和地说了这样一句话："大家有什么话就说吧，等你们说完我再说。"

马修·亨利讲了一个故事：丈夫和妻子的脾气都很暴躁，但在他们家却很少出现争吵，一家人生活得非常和睦。原来夫妻二人定下了一条规则：每次只能有一个人发脾气，另外一个人不得火上浇油。

苏格拉底每次想要发脾气的时候，都会对自己说："喂，注意，小点声！"这样便能有效地将坏脾气压下去。在怒火燃烧起来之前，努力让自己保持沉默，便是一种控制情绪的好方法。怒火伤身，严重时甚至会祸及人的性命。

乔治·赫伯特说："镇定的人才能在辩论中取胜。情绪起伏会严重影响人的判断力，导致思维混乱、言辞失误。"有人问："要是对方一定要跟你争吵，怎么办呢？"他说："谁要吵就让他自己吵个够，跟我没有任何关系。"

英国国王亨利五世曾在牛津皇家学院住过一段时间。

后世人说起他时，总会提到一句话：“他不但战胜了敌人，更战胜了他自己。”1415 年，在著名的阿津库尔战役中，亨利五世凭借自己的镇定与智慧，以少胜多，将兵力多过自己好几倍的法国军队打败。

必肯斯 · 菲尔德有一次被人问及：“你是如何讨得女王欢心的？”他说：“因为我永远也记不得那些不快，所以我永远也不会为这些事跟女王有争执。”

一位候选人前去拜访一名政界显要，希望能了解一些赢得选民支持的方法。在谈话开始前，政要说道：“不要打断我的话，每打断一次你就要支付 5 美元。”候选人满口答应下来。政要说：“不管别人怎样诋毁你，你都不能发火。”候选人说：“是，我就是这样做的，别人说我什么，我都不会放在心上。”政要又说：“但是，如果要投票的话，我是不会投给你的，你这个人这么下流无耻……”“你怎么能这样说我呢？”候选人打断他的话。“你违背规则了，需要付给我 5 美元。”政要说道。候选人压制着自己的怒火，说道：“您只是为了试探我对不对？”政要说道：“其实我说得已经够客气了，你比我刚才形容的还要差劲……”候选人忍不住大声嚷起来：“你凭什么这样说我？”“你又该付我 5 美元了。”政要不紧不慢地提醒他。候选人怒不可遏，吼道：“这样就想赚我 10 美元，你想得未免也太美了吧！”政要依旧不动声色，说道：“您是要我们再聊下去呢，还是付完钱后一拍两散？不过我知道这笔钱你不敢不付，要不然传扬出去，你就更加臭名昭著了……”“住口！”候选人再度大叫起来。“5美元！”政客又说。候选人一下平静下来：“我应该稳定住自己的情绪，不能这样冲动。”政要很满意：“这样才对嘛！刚才的话我全部收回。其实，我觉得你是个很不错的人，只是出身太差了，你父亲又声名败坏……”“不许侮辱我的父亲！”候选人又被激怒了。“再付5美元吧！”政要说道，“年轻人，在面对选民的时候，你要是还沉不住气，损失的就不仅仅是5美元，还有无数张选票。”

温和的性情能使人自动远离纷争。处理不必要的争吵，最好的方法就是一笑置之。退一步海阔天空，万万不可为逞一时之快，冲动妄为，惹出祸端。研究显示，情绪紧张的人更易怒，而燃烧的怒火会使人的情绪更加混乱，丧失理智，不断将事件引向更糟糕的境地。

宾夕法尼亚州有一位的脾气得出了名的布料店老板。有个人不相信世上真有这样的人，于是亲自到这家店验明真伪。他在店里逗留良久，将所有布料全都看了个遍，依然难以决定要买哪块布。好不容易等他选中了一块布，却对老板提出了这样一个要求：“我只要一美分那么大的布，请您帮我裁下来！”老板按照他的要求，比对着一枚一美分的硬币，将他需要的布裁下来，交给了他。对方终于败下阵来，佩服得五体投地。

牛津的一名学生，有一次为了一个问题跟约翰·亨德森辩论起来。学生的情绪一时失控，照着约翰的脸就泼了一杯酒下去。约翰擦擦脸上的酒水，心平气和地说："没事，我们继续辩论。"

真正的强者不在于身体素质的强弱，而在于能否通过自控能力抗拒巨大的诱惑。如果一个人缺乏自我调节、自我控制的能力，那么当诱惑出现在他面前时，他根本就无法抵御，终将变成一个寡廉鲜耻的人。每一个聪明的商人，都会努力控制自己，坚决不让自己成为欲望的奴隶。

自控能力来自内心，它具有强大的力量。无论男女老幼还是尊卑贵贱之人，都可能拥有这种力量。一个自控力强、能抗拒一切诱惑、不惧任何困难的人必将取得成功。反之，则将永远与成功相距万里。从这一点上来说，阻碍我们成功的最大敌人，其实是我们自己。很多人雄心勃勃，打算大干一番，最后却输给了自己。

莎士比亚笔下因无法控制自己的情绪而走上不归路的角色不在少数：约翰王就是其中之一，他人性中的美好被欲望的烈火彻底焚毁，最终与禽兽无异；李尔王身陷情绪失控的深渊，无法自拔；麦克白小姐与麦克白先生更因欲望而杀人；奥赛罗则沦为了妒忌的奴隶。不是由自己掌控情绪，而是完全由情绪掌控自己，这样的人物必然不会有什么好下场。

汗普登是英国国会的著名领袖，克莱登曾评价他说："人们之所以信任并服从他，正是因为他惊人的自控力。"能控制自己情绪的人，更容易让人信服，这个道理在商场上同样适用。银行更愿意提供贷款给那些稳重的人，而商人们在选择合作对象时，也都会避开那些暴躁之人。成功不会因为一个人受教育程度低或者身体状况差而远离他，但若是一个人没有良好的自控力，那么他必然不会取得成功。在困境之中，自控力强的人才能做到百折不挠。

希腊历史学家普鲁塔克在评价波利科里时说："他不愧是'奥林匹斯山神'，极其沉着稳重。他永远保持着一颗平常心，生活简朴，待人有礼，纵使身居高位，依然不改初衷。每次演讲之前，波利科里都会先努力让自己的心平静下来，以防演讲过程中情绪波动，从而出现言辞欠妥之处。曾经有个人从下午就一直跟着他，直到晚上回家，期间用各种恶毒的言语咒骂他。波利科里却浑似没事人一样，等他骂够了，便吩咐自己的下人恭敬地将他送回家去。"

罗伯特·艾斯斡的自制力令人叹服。一次，妻子在盛怒之下，情绪失控，将一部他就要完成的字典原稿焚毁。当时，罗伯特什么也没说，只是坐到书桌前，认认真真地将厚重的原稿重新写了一遍。一个人究竟有没有能力，不是看他发火时有多凶猛，而是要看他有多能控制自己的情绪。

无论周围环境如何，成功人士总能控制好自己的情绪，时刻保持冷静，这样当良机到来时，才不至于放任其白白溜走。要做到这些，就需要不断付出努力，日积月累养成习惯。在人生的旅途上，很多人智商很高却接连碰壁。原因就是他们没有控制情绪的能力，在问题面前，他们完全无法冷静下来，找出最佳解决办法。

怎样的人才是真正的强者？何人能在侮辱面前一笑置之，在生死关头从容淡定？又是何人能咬紧牙关，在身受酷刑、生不如死之际，依然能坚持到底；在心潮翻涌之际，依然能维持镇定；在感情波荡之时，依然能沉着以对；在备受挑衅之时，依然能泰然处之？只有做到这些，方能成为天下无敌的强者。

那些奋发向上、乐观积极的人是卓尔不群并备受瞩目的，他们的未来将一片光明。但前提是他们必须严格控制自身情绪，否则恶劣的脾气将扼杀这些优秀品质带来的好处。那些令人景仰的成功人士都是懂得忍耐之人，能够平静地对待自己讨厌的人和他人的挑衅，无论遇到什么事情都镇定自若。这样的人是强大而不可战胜的。

第一印象的“神秘”力量

波士顿人最看重才智，对新认识的人，他们最感兴趣的就是对方的学识如何；而在费城，社会地位则是大家关注的焦点；纽约人金钱至上，最受关注的自然是个人财富。然而，要对一个人做出最全面的评价，仅关注其才智、地位或财产中的任何一个方面都是片面的。必须综合方方面面的因素，才能得出最真实的结论。闪亮的宝石即使蒙上了灰尘也依然改变不了其华丽的本质，可是却会掩埋其光辉。赫拉思说：“将金子永远埋在泥土中，它还有什么价值？”

人们施加在别人身上最残忍的刑罚莫过于在别人的伤口上不断地撒盐，不停地提醒他们所犯下的过错。心理正常的人绝不会做出这样的事来。

当你面对一个因为生得丑而时常遭人嘲笑的女孩时，就应当帮她树立这样的观念，其实她根本就不丑，只是别人不懂得欣赏而已。你需要不停地加强这个观念在她脑海中的分量，直至她对此坚信不疑，彻底摆脱因为相貌而产生的巨大阴影。外表美是肤浅的，心灵美才是永恒的。人们最重要的是要拥有美好的心灵，完全没必要为容貌欠佳而深感沮丧。

母亲是最了解子女的人，子女身上的任何优缺点都瞒不过她们的眼睛。令人遗憾的是，很多母亲却总是喜欢在子女身上挑刺儿，让子女自信尽失。这些母亲当然没有恶意，她们挑出子女的缺陷，目的就是希望子女能够努力克服这些缺陷，不断进步，只可惜事与愿违。

所有母亲都应意识到这一点：要让子女彻底克服身上的缺陷，绝非母亲三言两语的批评就能生效。正确的做法是，经常给孩子们赞美，让他们在赞美声中树立自信，勇敢前行。否则，便会白白浪费了孩子们的天分。我认为，教育的目的就在于保持那些对孩子们的成长大有裨益的思想。这种思想将促使孩子们不断改正自己身上的缺陷，在庸庸碌碌的人群之中脱颖而出。

所有想要改正缺点、完善自我的人，都可以借助这个方法。那些无时无刻不在想着自己的各种不足之处的人，很难维持坚定的自信心。由于自信的缺失，其缺陷会一天天严重下去，身陷消沉的情绪难以自控，给自己的成功之路造成巨大的阻碍。

要想发掘自己的优势，便要努力将世界视作美好的天堂。如此一来，人们便可以对未来展开最美丽的憧憬。每个人都应将自己及其他所有人都看作完美的个体，都是自信满满、意志坚定的优秀人才。

鼓励的话语能带给人力量，所以我们应该善于以名言伟句激励自己。有一次，迈克尔·安吉罗先生去看望一位画家朋友莱菲尔。但莱菲尔恰好外出，安吉罗先生为了表达自己对他的敬意，在他的画布上写下“了不起”三个字，莱菲尔回家看到后又激动又欢喜。他深受鼓励，时刻努力着向这一目标看齐，终于成为一名很有成就的画家。这句话其实对我们每个人都适用，在拼搏的过程中我们应时刻以此勉励自己。

一个好的牧师可以将无数人从堕落的深渊中拯救出来，因为他坚信每个人都拥有一名守护天使。无论这个人身上有多少缺陷，总归存在着闪闪发光的优点，会帮助他在绝境中重塑希望。没有人会费尽心思帮助那些叫人彻底绝望的人，但只要有一线希望尚存，人们便会拼尽全力拯救他的灵魂。

菲利普斯·布鲁克曾成功拯救过无数堕落的灵魂。他成功的诀窍就是，不管这些人的形象多么糟糕，他总能找出其优秀的一面。正是这优秀的一面，令这些人并没有遗弃自己，而是重拾信心与勇气，努力过回正常人的生活。

有一位性格十分随和的女士，她与所有人都相处融洽，甚至包括那些怪脾气的人，这一点让人很好奇。她是这样解答人们的疑问的：“不要总是盯着别人的缺点，而要努力发现这些人的优点，这样做你会发现，与人相处是一件很容易的事情。”君子和而不同，我们不能让挑剔、审慎的目光蒙蔽了他人身上的闪光之处。

约翰曾是奥尔良一名为非作歹的恶霸，后来被判处重刑。然而，就是这样一个人，却在本市爆发的一场瘟疫中展示了自己人格之中最伟大的闪光点。

疫病暴发后，约翰主动提出申请，要加入医护人员的队伍。起初，他这个要求遭到了医生的拒绝。约翰并不气馁，他坚持道：“无论如何，我都要加入你们。请您给我一周的试用期,如果这段时间我的表现不能满足您的要求，您尽管辞退我！”医生最终经不住他的死缠烂打，答应了他的请求。

约翰的表现出乎所有人的预料。在加入医护队伍几个星期后，他就迅速成长为一名尽职尽责的医护人员。他就像守护天使一样，时时刻刻冲在疫区的第一线，衣不解带地照顾病患。功夫不负有心人，表现优秀的约翰终于赢得了所有病患与同事的尊敬。

不仅如此，约翰还将自己的所得全都捐献给了组织，以救助更多的病患。不久之后，约翰也染上了疫病，并很快去世。他的墓碑上连名字都没有刻，人们对于他的过去一无所知，唯一能证明他身份的便是胸口的一块烙印，那是重刑犯的醒目标志。这个将自己的生命无私地奉献给病患的医护人员，竟然曾是一名犯下重罪的囚犯！

我们不仅要全面地看待别人，还要客观地评价自己。不是所有人都有客观评价自己的能力，但这种能力却是成功者必须具备的。只有这样，我们才能清楚地知道自己已经积攒了多少成功的资本，以这些资本做基础，我们可以制定怎样的目标。明确了这些以后，未来对我们而言便不再是一片未知，我们在为之奋斗的路上会更加自信满满。我们最终将成为自己命运的主宰者，而非畏首畏尾躲在成功者身后的懦夫。

第五章

人生不过如此而已

把握勇敢精神的内涵

查理十二世曾经受困于斯特拉尔松。一天，他叫秘书过来，他要口授一封信，需要秘书帮忙记录。在这个过程中，房顶突然掉下一颗炸弹。秘书大惊失色，查理十二世却泰然自若，说道："没事，我们接着写信。"

有一天，惠灵顿公爵的书房中忽然闯入一名不速之客，大声叫嚣道："我是亚伯伦，来拿你的命！"公爵并不惊慌，只说："这么稀奇，居然有人要杀我？"亚伯伦大叫："不错！"公爵问："一定要今天动手吗？"亚伯伦说："我就是要杀你，管不了是哪一天了！""那过两天你再来吧，我现在很忙！"说着，公爵便埋头继续工作，这种大无畏的精神令杀手都为之震慑。亚伯伦的情绪稳定下来，竟然就这样走了，再也没露过面。

为了让矿工们在矿井下能够安全工作，乔治·史蒂芬森不顾危险，执意要研制安全灯。后来，他更亲自到矿井中检测安全灯的性能，他的朋友们全都因为忧心他的安危而战战兢兢。史蒂芬森非但不以为意，在进入矿井之后，还直接朝着最危险的地方走去。矿工们都明白这一举动的危险性，纷纷回避。

史蒂芬森明白，死亡时时刻刻都在威胁着自己，但他还是义无反顾地往前走去。他拿着自己研制出来的安全灯，谨慎而镇定地来到了目的地。在瓦斯笼罩下，安全灯先是变亮，继而不断闪闪烁烁，最后灯火慢慢熄掉，四下里一片黑暗。史蒂芬森命悬一线，所有人的心都悬到了嗓子眼上。最终，实验获得了成功，史蒂芬森创造出煤矿照明安全灯。使用这种安全灯，就算矿井中存在可燃气体也不会引起爆炸事故，从此大大减少了矿井事故发生的频率。

舵手约翰·美纳德曾在船上被困火中，起因是船的蒸汽发动机失火。为了船上所有人的安全，他放弃了逃生机会，坚持在烈火的包围中继续掌舵，直到驾船驶入港口。在这个过程中，约翰·美纳德的身体慢慢被火焰吞噬，但他却因此拯救了船上的其他人。人们为了纪念他，赐予了他一个伟大的称号——艾里尔湖中的舵手英雄。

帕里希最后的4年光阴是在监狱中度过的。那个时期，吉斯党人得势，国王亨利三世被这些人的政见左右，将支持改革的人全部判处死刑，于是帕里希便被关进了巴士底狱。过了一段时间，国王来找帕里希，希望他能妥协，否则就将他和两名女囚一同处决。帕里希说："陛下，我觉得您比我更可怜。您要不是没有了其他法子，绝不会对我说这番完全不符合您身份的话。现在的您，根本已经失去了国王的气度。不仅是我这样认为，那两位女囚也是一样，我们都不会向您妥协！连一个小小的工人都不肯向您臣服，您就算贵为一国之君又能如何呢？”

有位年轻姑娘随同父母居住在英格兰与苏格兰交界处的兰斯顿灯塔中。1838 年 9 月 6 日的清晨，当人们还在睡梦中时，年轻的姑娘却忽然被灯塔外凄厉的惨叫声吵醒了。此时海面上一片疾风骤雨，巨浪翻涌，那阵惨叫声就混杂在巨大的海浪声与风声之中。

姑娘看看自己的父母，他们仍在沉睡，显然并没有听到这一切，于是拿了望远镜向海面上张望，只见一艘船已是支离破碎，船头被巨浪卷出半英里，挂在了一块巨大的岩石上。船上的 9 个人则拼尽全力抱紧船身散落的木板，在风雨飘摇的海面上苦苦挣扎。

姑娘急忙将父母唤醒。她的父亲，负责看守灯塔的威廉姆·达林望到这一幕以后，无奈地摇头道：“不行，我们救不了他们！”

年轻的姑娘眼泪都要掉出来了，她不肯死心，向父亲乞求道：“我们一定要救他们，要不然他们就只有死路一条了。我们总会有法子的，对不对？”

父亲被她的善心打动了，说道：“格蕾丝，尽管我很清楚这样做根本就不可行，但是既然你这样坚持，我就满足你的愿望，去试一下吧！”

父亲与女儿一同划着一艘小船，在波涛汹涌的海面上艰难地朝那 9 名急需救助的船员驶去。这位柔弱的年轻姑娘，在船员们一声接一声凄厉的呼救声中，仿佛化身勇猛无敌的钢铁战士，以无比强大的意志力与父亲并肩作战，终于来到了船员们身边，将他们全都营救到了自己的小船上。

一位船员在看到自己的救命恩人竟是一名弱女子时，不由得称赞道："真没想到在这样的大风大浪里救了我们的人竟然是一位年轻娇弱的姑娘！啊，亲爱的姑娘，你这样善良勇敢，上帝一定会保佑你的！"

这位年轻姑娘的壮举使得整个英国都为之震撼，就连国王也对她肃然起敬，她是整个国家的大英雄。

勇敢不单单属于英雄。成大事者固然需要勇气，但许多看似平凡的小事，做起来也同样不能缺少勇气。在面对威胁或引诱时，只有真正勇敢的人才能坚持原则，刚正不阿。反之，软弱与妥协则是许多罪恶的帮凶。假如人们都能勇敢无畏地面对一切，这个世界将会发生多么令人惊喜的改变啊！

无数伟大的人物以切身行动证实了他们超人的勇气，也启示后人，要鼓足勇气面对生活中的一切考验。朗费罗说过："谨记先人的教诲，勇敢，但不要轻率！"瑞斯帕夫人曾询问自己的丈夫："你怎样看待女人发火？"

她的丈夫说："女人发火是一件好事，证明她们有勇气坚持自我。"

加里波第是一个有着超强控制力、无所畏惧的人，他曾仅仅带领40人，从罗马出发去攻打其他地方。这些人严格服从命令并渴望早日完成任务，他们勇往直前，奋不顾身地冲锋陷阵，即使当时所有人都不看好他们，认定他们可能会全军覆没。

为什么有些领导人能令人心甘情愿地投靠他，为他效命呢？他们究竟是凭借什么而对人们产生如此大的吸引力呢？他们既不是万能的神，也不是有磁性的磁铁。他们之所以能够成为广受爱戴的领导人，要归功于他们无所畏惧的勇气，这种勇气具有强大的力量。

只有真正的勇敢者才能直面错误，果断还击。柯尔律治·帕特森主教出生于伊顿，他在11岁时就曾勇敢宣布："今后禁止在晚餐时间唱那些难听的歌，否则我将辞去自己的职务并谢绝相关活动。"当隔天又听到那首歌后，他果然说到做到，和他的追随者一起果断地离开了餐厅。他如约辞去了首领的职务，直到那些坚持唱那首歌的人妥协为止。格莱斯顿小时候也是如此，那时他住在伊顿，总会在听到错误的声调时放下手中的杯子离开。他教会了许多同学在生活及饮食上自我节制，年轻的主教索尔兹·伯里也是因为他才没有步入歧途。

卡莱尔曾这样评价路德的伟大之处：“在我心中，路德是历代名人中真正的伟大者。并且，他的这种伟大是自然形成、卓越不凡的。这正如阿尔卑斯山，它高高耸立并不是为了追求伟大。他就像屹立于云端并不停向上攀升的山峰，充满了不可被征服的勇气，我们只能仰望它。我们不必在广场放置他的巨型雕像来纪念他，因为他的伟大无须用这种方式来纪念。”

英勇的行为能够极大地影响周围人的生活，同样，道德上的勇气也是如此。我们不管何时何地都应谨记，真正无所畏惧的人，是那些未被世俗的阴暗丑陋所污染的人。阿瑟·库姆诺克在哈佛求学期间，凡事都始终坚持公正及节制的原则。而他最后取得的非凡成就也正是源于这种坚持，这种道德上的勇气对周围人的影响是极大的。

只有勇敢无畏、头脑机智、体魄强健，并且刚正不阿、大方无私、纯洁善良之人，才是注定会取得成功的人。

自信是创造奇迹的开始

自信能支持人们坚定信念，勇往直前，追求理想，它对成功所产生的推动作用，远远超过权力、财富等物质支持。

许多人会在认定自己缺乏某方面的天赋之后心灰意冷，随即放弃在这方面的努力。然而，很多成功人士之所以会在某方面取得成功，并不是因为他们的天赋特别高，而是因为他们相信自己的天赋比别人高。有了这样的信念，他们坚持不懈地付出努力，让自己的能力在实践中不断获得提升，最终成为这一行的佼佼者。

若将一支普通军队的统帅换成拿破仑，他传达给将士们的精神力量，将会大大加强整支队伍的战斗力。士兵对领导的信心与军队的战斗力直接挂钩，假如领导的能力完全不能叫下属信服，何谈队伍的战斗力?

自信能够产生伟大的力量，无论是多么普通的人，都能依靠强烈的自信心获得成功。反之，若自信不足，再优秀的人也会因为犹豫迟疑错失成功的良机。

自信有多高，成就便有多高。若拿破仑在阿尔卑斯山下对自己的士兵说出这样一句话：“山这么高，我们怎么才能过去呢？”那么穿越阿尔卑斯山对这支队伍而言，马上就成了一个不可能完成的任务。

信心决定成败。成功从来只属于自信之人，与自信相比，才能反而是其次的。

每个人都需要建立强大的自信心。要想赢得别人的信任，得到更多发展的机会，首先要有自信。面对人生旅途中的坎坷波折，有信心、有勇气、迎难而上的人才是优秀的。反之，一个缺乏自信、优柔寡断的人，在遇到困难时，总是习惯逃避，任由他人来决定自己的命运，这样的人永远也无法成功。

拥有强大的自信心的人会非常果敢，并能从容地应对生活中的任何波折。他们独立自主，勇往直前，坚持用自己的双手争取成功。正是这种信念与行动，帮助他们成功赢得了他人的信任与尊重。

一个不够自信的人，根本不会有成功的机会，这一点在所有成功者身上已经得到了验证。纵观古今中外，有哪个成功人士不是勇敢自信之人？在这个竞争残酷的社会中，缺乏自信、胆怯懦弱的人势必将遭到淘汰。

自信者行事果决，当机立断，他们永远不会放任良机白白溜走。想要成功的年轻人，就该如此。而一个自信匮乏的人，在任何情况下，都很难做出决断。

爱默生说：“我们每个人有成功的天赋。”成功的机会对每个人而言都是均等的，只要我们能充分发挥自己的才能，认真度过每一天，终有一日会获得成功。但是很可惜，因为缺乏自信，许多才华出众的人终其一生都一事无成。也许我们出身卑微，没有受过良好的教育，也没有找到适合自己的工作，但是只要我们有信心，有毅力，勇敢坚持，就能摆脱恶劣的现状，赢得崭新的未来。

拿破仑的一支军队刚刚打完一场胜仗，一名士兵赶紧快马加鞭去向拿破仑报告这个好消息。路上，马因为过度疲劳而死，于是拿破仑便将自己的马借给了这位士兵。

士兵说：“将军，我只是一个小小的士兵，怎么配骑您的马呢？”

拿破仑严肃地纠正他说：“我们法兰西的士兵，没有什么是配不起的。”

很多人的想法都跟这位士兵类似，他们坚信自己只是一个卑微的小角色，做不成什么大事业。很多人一生甘于平凡，正是这种自卑心理作祟的结果。他们认为世间的一切美好都该由出类拔萃或特别幸运的人享有，而非像他们这样的普通人。这种根深蒂固的自卑念头扼杀了无数人的前程。

在追求事业的过程中，自信的重要性要远远超过财富、权力等外在条件。它深深根植于我们体内，是最为强大的精神动力。

当然，除了自信之外，要想成功，还必须不断付出努力。许多原本自信的人，在经历挫败以后会对自己的能力产生怀疑，这说明他们的自信心不够坚定。在通往成功的道路上，要想不被挫折打倒，就必须培养最坚定的自信心，勇往直前，拼搏到底。

伟人们在做事之前和做事的过程中，普遍保持着坚定的自信，他们不惧任何艰难险阻，一直奋斗到胜利的终点。

玛丽·克莱里曾说：“如果必须要做一片遭人踩踏的泥土，希望踩踏我的人全都是勇士！”如果一个人对自己都没信心，如何还能奢望别人对他有信心呢？

唯有坚定的意志，才能成就伟大的事业

众所周知，龙卷风具有非常强大的破坏力，干枯的树枝、腐烂的树干等所有脆弱的东西都可能被它摧毁。能够经受住考验的，都是那些结实的枝和干。那些根基牢固的房屋都安然无恙，而那些由缺乏经验的人用廉价材料建筑的房屋几乎全部倒塌，尽管它们的外观非常漂亮。同样道理，那些意志不够坚定的人，在危机到来的时候，往往最先倒下。

一个人如果意志坚定，那么他不管遇到多大的困难，都会坚持不懈地奋战到最后一刻。反之，一个人如果意志不坚，面对小小的困难就犹豫徘徊，必然不能坚持走到成功的终点。总之，人们成功与否，与其是否拥有坚定的意志有着紧密的关联。不少期盼成功的人之所以一辈子都未能如愿以偿，就是因为自身意志不够坚定。每次遇到困难，他们不是想方设法去面对、去解决，而是一味畏缩逃避。

工作中的一切困难都能借助坚定的意志克服。没有人愿意信任那些意志不坚的人，这类人在做事时，自己对自己都没信心，更何谈赢得他人的信任与支持？他们不管做

什么工作都是三心二意，总以为自己不适合眼下的工作，换一份工作情况会好得多。因而他们做起手头的工作永远都是马马虎虎，敷衍了事。这就解释了为什么有那么多人都没有取得成功，他们不是因为能力不足，也不是因为缺少奋斗的目标，只是因为缺少了坚持。

每个人都有获得成功的才能，但要将这种才能发挥出来，最终赢得成功，就一定要持之以恒，不断奋斗。成功者都拥有无比坚定的意志。这种意志会帮助他赢得别人的信任，从而获得更多成功的机会。意志坚定者成功的概率比一般人要大得多。如果建筑师在设计好图纸以后便不再改动，每天按部就班地按照图纸施工，用不了多久，建筑就能成型。反之，若建筑师总觉得图纸还需要改动，改完这里又改那里，总也不能确定最后的方案，那么他的设计便只能停留在纸上，永远无法开始施工。

成功者必须具备两项素质：一是坚定的意志力，二是超强的忍耐力。成功者都有着坚定的意志，一旦下定决心，便会一往无前。无论中途遭遇多少艰难险阻，都会勇敢面对，坚持到底。意志坚定者更容易带给人们希望和勇气，因而他们更容易取信于人。在困境之中，意志坚定者绝不会轻言放弃，他们会想方设法解决问题。就算实在没有办法，只能以失败告终，他们也不会放弃对成功的追求。一旦找到机会，他们马上又能重整旗鼓，继续奋战。人们经常会问这样的问题：“他还没有放弃吗？”“他”指的就是这些有着坚定意志、百折不挠的人。不管身上的压力有多大，他们都能坚持到最后一刻。

南北战争中格兰特将军曾在新奥尔良不慎坠马，受了很严重的伤。要求他前去指挥查塔奴加一战的军令就在这时传来了。当时，他所在的联邦军队已被南方军队围困其中，对他们而言，失败似乎已在所难免。联邦军队的给养已经断绝，格兰特咬牙强忍着身上的剧痛，一直躺在由马拉着的担架上面，在 4 名士兵的护送下，赶往全新的战场查塔奴加。这位优秀指挥官的到来，为整支军队带来了新的希望。到了这样的时刻，能够帮助联邦军队转败为胜的就只有格兰特了。他凭借着自己坚强不屈的意志大大鼓舞了军队的士气，在他还未下达任何军令之时，联邦军队就已迅速夺回了周围被抢走的山头。

强大的意志与勇气是否能改写一切？如若不然，荷雷休斯怎么可能只带着两名战士就逼退了托思卡那的 9 万大军？莱昂尼达斯怎么可能在温泉关挡住波斯百万军队的大举进攻？德密斯托克里怎么能够粉碎波斯的战舰，令其葬身海底；恺撒如何能够仅凭一支长矛、一块盾牌，便将松散的军队集中起来，迅速反扑，扭转败局？文克尔里德如何能够在万箭穿心时，依然勇往直前冲出一条大道，让战友们循着这条道路最终走向成功的终点？拿破仑如何能够在自己的军事生涯中战无不胜，攻无不克？内伊如何能够在自己指挥的上百场战役中接连取胜？威灵顿将军如何能够在战场上永久保持常胜将军的美誉？谢礼丹将军又如何能够在联邦军队大败时，赶至温彻斯特，仅凭一人之力扭转乾坤？歇耳曼将军如何能够独自冲上战场，通过对士兵的鼓励，达到振奋军心的效果，最终令自己的军队立于不败之地？

一个人必须要具备坚定的意志，才能最大限度地发挥自己的潜能，在成功的道路上勇往直前，顺利抵达胜利的终点。

人们的性格决定其命运。要想成就一番大事业，就必须具备超人的意志力、创造力与决策力，而这三种高尚的品格却正是无数人所欠缺的。他们原本有足够的才能获得成功，却因为品格上的缺陷，无奈地走向了失败。加利森、古德伊尔、维尔博福斯、西拉斯·菲尔德、俾斯麦、格兰特，这些伟大的人物之所以成就显著，正是因为自身拥有强大的意志力，造就了最坚强的品格。

希奥多·恺勒博士说：“人类社会的一大憾事便是意志力的普遍匮乏，做什么事都很难坚持到底。”

由于判断力与意志力的匮乏，往往使一些人在困难面前止步不前，丧失了前进的勇气与斗志。他们习惯将成功的希望寄托在那些强者身上，只因为不相信自己同样有能力成为强者，获得成功。这种人自信心严重匮乏，完全没有勇气独立创新，展示出自己与众不同的一面，唯有安分守己、亦步亦趋地追随在强者背后，让自己原本可以十分精彩的人生最终浪费在庸庸碌碌之中。人生最大的悲剧莫过于此。

一家保险公司在全世界都赫赫有名，其总经理说："公司发展过程中最大的困难就是招不到杰出的员工。才能过人的应聘者不在少数，可是意志坚定者却十分罕有，而这类人恰恰就是公司最想要的人才。测试的最后一个项目，我会对应聘者说，要想在竞争激烈的保险行业崭露头角绝非易事。然后，观察应聘者对这句话的反应。"

总经理通过这种方式，筛选出意志坚定的优秀人才。不出所料，这些人在进入公司后表现上佳，为公司的发展注入了新鲜的血液。

是否拥有坚定的意志力、超强的忍耐力及过人的勇气，也是公司评判员工优劣的三大标准。员工们一旦符合了这些标准，就能得到重用。与它们相比，才能的高低反而是次要的因素。

商人、企业家最喜欢雇用的年轻人，就是那些工作卖力、反应敏锐、思维清晰、意志坚定的人。有丰富商业经验的年轻人不仅办事效率高，而且质量上也趋于完美，他们无疑会在社会中找到属于自己的位置。

无数本应成就显赫的年轻人，却因缺乏勇气和坚定的意志最终一事无成。库易雷博士说：“意志不坚导致了许多年轻人的失败。”才能在成功的道路上固然重要，但若是缺少了坚定的意志，再才华盖世的人恐怕也难以摆脱失败的结局。成功绝不会属于那些一遇困难就逃避畏怯的人。坚定的意志会帮你赢得别人的信任与尊敬，不管你遇到什么困难，别人都愿意提供帮助。如此一来，便能为你的前进道路扫除不少障碍。

才智出众、意志坚定并具备超强忍耐力的人，必定会同时具备良好的声誉，所有公司都会欢迎这类人加入自己。相反，没有公司愿意接收那些缺乏自信、意志薄弱、总想依靠别人、缺乏独立自主精神的人。

在英语这种语言中，最能引起人们关注的莫过于“I will”，亦即“我要”这两个单词。这样简单的两个词汇，其内涵却极为深刻，包含着自信、决心、意志，等等。人们说出了这两个词，就代表着要不惜一切代价去追求成功。无论在通往成功的道路上会遇到多少艰难险阻，都要以无比坚定的意志迎难而上，勇敢地战胜它们。人们的理想与抱负全都包含在这种强烈的意愿之中，并将在这种意愿的驱使下产生非凡的前进动力。它将激励人们勇往直前，克服重重阻碍，最终抵达胜利的终点。

年轻人们如果立志成功，就应从现在开始，有针对性地培养自己坚强的意志。沙曼说：“要参透人生的本质，选择正确的奋斗方向，就必须深刻领悟到坚强意志对人类的意义。”

马修思教授说：“不同的人在培养坚定意志时所需的时间也不一样。但是只要持之以恒地为之付出努力，任何人都会有所收获。比起你日后巨大的成功，在这个过程中所付出的一切都是值得的。”

不断下水练习是学会游泳最好的方法，同样地，想方设法寻找各种各样的途径跑步也是跑步的最佳练习方法。要培养坚定的意志，就不应放过生活中任何一个微小的磨炼意志的机会。要培养坚定的意志力，最有效的方法就是坚持不懈地磨炼。在这个过程中，人们的意志力每天都会有所进步。

勤于思考的人才不会白忙一场

正确的思想会带给人们无尽的动力。成功者一定是有正确思想做指导的人，这种思想对于改变人们本身以及周围的环境，都起着不可磨灭的重大作用。人们的品格与才智会在正确思想的指导下日趋完美。

有人说："思考是人生最大的职责所在。"圣保罗的一生都在积极思考中度过。持续不断的思考使得他的品格日臻完善，才能不断提升。他根据自己的切身实践对人们提出了这样的忠告：思考是你自己的事，没有人能够代替你完成。因而当一件事发生时，不管它表面看来多么公正合理，也不管别人对此持有何种意见，你都需要通过自己的独立思考做出判断。要有自己的处事原则，如果总是按照别人的指示，看别人的脸色行事，那么本该属于自己的快乐也会荡然无存。嫉妒更是快乐的天敌，如果总是想着嫉妒别人，那么永远也无法获得快乐。只有远离嫉妒，才会使你远离犹疑，做一个有主见的人。思考不应当只停留在表面。走马观花、浅尝辄止的思考方式不能给你任何帮助。只有深入下去，放开眼界，追寻超然物外的大智慧，才能在持续的思考过程中真正有所收获，并将思考变成一种贯穿生命始终的惯性行为。

所有人都知道容器中装满水以后，再有多余的物体加入其中，里面的水便会溢出来。可是，有谁曾为此专心地思考一下，意识到加入物体后溢出的水的体积与加入物体的体积是相等的？只有阿基米德想到了这一点，他据此找出了最简便的运算方法，用以计算所有形状不规则的物体体积。

土星外围的光圈多年来一直为广大天文学家所知，然而，他们并未对此展开研究，而是将其作为行星形成规律的一种例外情况看待。只有拉普拉思坚持自己的意见，他认为在星体形成的过程中，并非所有阶段都观察不到，像土星的这种情况，便是该过程中仅有的可观察到的阶段。这种观点最终被他证实了，天文学领域对于星体形成的研究也因此有了大飞跃。

在哥伦布发现新大陆之前，欧洲的船员们个个都曾对新大陆怀有幻想，只可惜无人有勇气亲自前去一探究竟。直到哥伦布率领船队出发，最终在广阔的海洋深处发现了新大陆，才终于使这种幻想成真。

世间曾有无数苹果坠落，砸到人们的头上，但是竟无一人深究苹果下坠的原因。牛顿是唯一一个产生疑问并对此展开深入思考和研究的人。最终，他得出了这样的结论：

宇宙之中，一切星体都能按部就班地沿着预定轨道运行，所有物体无时无刻不在运动，却绝无碰撞的现象发生，这与苹果只能下坠，不能到达别的方向是同一个原理。

人类出现之初，就有了电闪雷鸣这些自然现象，然而却没有人想到有惊人的能量就隐藏在这耀眼的闪电之中。唯独富兰克林意识到了这一点，他的实验让所有人意识到闪电就如同空气与水一样，是宇宙之中一种极其自然的存在。它的内部潜藏着巨大的能量，可以被人掌控利用。

所有人都知道，物体在被悬挂时会来来回回地进行摆动，受到空气阻力的影响，这种摆动会逐渐停止。至于这种现象在现实生活中有没有意义，可不可以被应用，却无人理会，只有伽利略例外。少年时代的伽利略在比萨大教堂中，不经意间发现一盏悬挂的灯正在来来回回地进行着有规律的摆动。现在广为人知的钟摆定律，就是伽利略据此研究出来的。伽利略入狱以后，依然保持着高度的热忱，坚持科学研究。牢房中的草秆也成了他的实验工具，直径相同的实心管和空心管的相对强度就是他用这些工具研究出来的。

上述人物，绝大多数都被后世冠以“伟人”的称号，原因就在于：对于所有人早就习以为常的现象，他们却能通过思考从中找出非同一般的规律，并最终提出创造性的理论。

一名年轻人愤愤不平道：“我是一个诚实的人，为什么却无法依靠诚实变成一个成功的人？”只有诚实的人才能成功，但并非只要诚实就能成功。员工绝不会因为没有偷窃公司的财物而得到升职。要想升职加薪，必须要勤于工作，善于思考，做到其他员工做不到的事。

热情的态度引领你走上成功的道路

菲利普斯·布鲁克斯说："每个人都应对那些能够充实我们生活的美好事物怀有高度的热情。要对那些无上高贵，能为我们带来骄傲与荣耀的事物怀有深深的敬慕。永远都不要让自己的热情冷却。"

巴黎一间美术馆中，摆放着一尊出自一位无名艺术家之手的美丽雕塑。这名艺术家的生活极为穷苦，工作场所就是阁楼上的一个小房间。有一天，这座城市的气温突然降至零度以下,而他这件作品的黏土模型眼看就要完成了。为了不让模型裂缝里的水受冷结冰，扭曲了整个雕塑的形状，艺术家于是脱下自己的衣服帮雕塑保暖。第二天早上，艺术家被冻死了，幸而他的模型完整保存了下来。后来，人们根据他的模型创意，创作了这尊美丽的大理石雕像。

亨利·科莱是美国著名的政治家，他曾说："每当有至关紧要的事件发生时，我都会忘却周围的一切，将所有精力都倾注于这一件事,完全不理会其他人对此作何反应。在那段时间，我完全感受不到时间的流逝、外界环境的变化、身边人的意见。"只要倾注了百分百的热情，再乏味无趣的工作也会变得异常吸引人。

热恋中人的感觉会比旁人更加敏锐，能够观察到自己恋人身上不为人知的长处。同理，被强大的热情驱使的人们，感觉也会敏锐得超出常人。他们总会在痛苦之中发掘出被其他人忽视的美好，不管工作多么枯燥，生活多么困窘，前进的道路多么艰难，他人对自己施加的压迫多么强烈，都不会损害他们对工作和生活的巨大热情。

身为法国伟大的民族英雄，圣女贞德利用自己无比坚定的信念，以圣剑与圣旗激发了法国军队对赢取胜利的巨大热情。这是连法国国王与朝中重臣都难以完成的任务，圣女贞德却做到了。最终凭借着这种热情，法国军队一路过五关斩六将，赢取了伟大的胜利。

科里斯托夫·雷恩小时候身体非常虚弱，父母对此很是忧心。然而，他成年之后却精力旺盛，直到晚年依然精神矍铄，一直活到 90 多岁才去世。正是他对建筑行业无比强烈的热情才赐予了他充沛的活力，完成了无数伟大的建筑作品。

人类热情的缺失将带来巨大的损失：军队在战争中难以取得胜利，艺术家在创作中难以有流芳百世的佳作问世；人世间将再也不会出现动人的乐曲、优美的诗歌、恢宏的建筑；人们将无力去利用自然、改造自然，无力对社会的发展做出应有的贡献。反之，巨大的热情会创造前所未有的奇迹。它使得伽利略发明了望远镜，让全世界都涌到眼前来；它使得哥伦布战胜重重危难，最终能尽情地在巴拿马群岛凉爽的清风中沐浴徜徉。有了热情的帮助，人们才赢得了自由，才创造出无数的文明成果，引领人类社会发展到今天的地步。所有伟大的作家，如莎士比亚、弥尔顿等，也都是在热情的驱使下，才创作出了人类文明史上的传世佳作。

美国杰出的社会活动家赫拉思·格里历曾说：“世间最大的成功属于那些才能出众，并且对自己的工作拥有巨大热情的人们。”

萨尔威尼也说：“能让人们高效工作的最大动力就是热情。”

矢志不渝地追求自己的理想，是美国人的天性。这种执着的品性在50年前尚未出现，直到今天仍未获得全球普及，但在美利坚与澳大利亚两个民族之中却广泛流传开来。这两个国家的人们都坚信：只有将全部热情都倾注于同一件事，才有获得成功的可能。眼下，这种从前只有少数伟人才持有的信念得到了越来越多的民族的肯定，成为促使其不断走向进步的一大动力。

要用思想点燃人们内心深处的生命之火，便一定要以巨大的热情、充满人性的语言将这种思想表达出来。在古老的传说中，弗里吉亚国王格尔底专门打造了一个难以解开的结，由征服亚洲的勇士亲自来解，结果多年未能如愿。终于，这个难解之结被年轻热情的马其顿国王亚历山大挥剑斩断。

没有人能抗拒一个热情满溢的年轻人。这些年轻人坚信自己拥有光明的前程，即便中间遇到挫败，也只是暂时的，很快便可以雨过天晴，迎来更辉煌的未来。“失败”一词从来不会在他们的字典里出现。在他们看来，自己就是全世界最伟大的中心，之前人类所经历的一切发展历程，全都是为自己的诞生而做的准备。

年轻人们永远充满热情，面朝阳光，让影子落在背后。相对于受理智支配的中年人，他们完全听命于自己的心意。在欧洲文明的萌芽阶段，亚洲人大举入侵，最终战胜他们、保卫本国疆土的正是年轻的亚历山大。在将整个意大利攻陷时，拿破仑还是个 25 岁的小伙子。那些英年早逝的伟人们，诸如在 37 岁时便已离世的拉斐尔和拜伦、25 岁离世的济慈、29 岁离世的雪莱等，都是在年纪轻轻时便已享誉盛名。20 岁时，罗慕路斯便创造出了罗马；还未成年之际，皮特和波林布鲁克便已在政府中出任要职；未满 25 岁，牛顿便已有了多项备受瞩目的发现；25 岁时，马丁·路德便在政治改革方面创立了不朽的功绩；21 岁时，查特敦的才华在所有英国诗人之中已无人能及；还在牛津读书时，怀特菲尔德和卫斯理便发动了声势浩大的宗教复兴运动，未满24岁，怀特菲尔德的大名便已传遍英国；15岁时，维克多·雨果已经开始写作悲剧，未满20岁，便已斩获法兰西学院的3项大奖，被人尊称为“大师”。

无数伟人都未能活到40岁，但其成就却彪炳千古。现代社会是由饱含热情的年轻人统率的时代，相较于以前的年轻人，他们拥有更多成功的机会。无上的热情会驱使他们努力拼搏，最终走向成功，让所有平庸小卒都甘心拜服在自己脚下。

热情并非年轻人的专利，很多老年人终其一生都对工作、对生活充满热情。格莱斯顿在80岁时，仍然握有强大的权力，对整个国家都有着无可比拟的巨大影响力。相对于那些激情四射的年轻人，他无疑拥有更大的热情与活力。老年人所能获得的尊敬，源自他对生活的热情。面对一个白发苍苍却依然以饱满的热情迎接每一天的老年人，试问谁能不对他持有深深的敬意?

伟大的诗人荷马在年纪老迈，且双目失明之际，仍然坚持创作了流芳百世的史诗巨著《奥赛罗》；一位隐居世外的老人彼得，以自己的热情感染了英国骑兵，使他们重拾斗志，打败了伊斯兰军队；80岁的威灵顿将军，依旧时常参与军事要塞的规划修建与视察工作；身为威尼斯总督，已是95岁高龄的当多罗照旧征战沙场，所向无敌；在弥留之际，英国哲学家培根、德国著名的学者宏保依然在潜心学习；晚年罹患痛风的著名思想家蒙田，始终保持着对生活的高度热情，思维敏捷，反应迅速。

希赛洛说过："人就好比酒一样，美酒会历久弥香，而劣酒一旦存放时间长了，便会变质，发出一股恶臭。我们要想做一瓶美酒，便要对世间万物保持巨大的热情。就好比北欧的土地被墨西哥湾涌来的大西洋暖流润湿一样，热情会帮助我们持续滋润自己的心灵，即便到了白发苍苍的老年时代，依然能维持一颗年轻向上的心。问问你自己的心，是不是已经垂垂老矣？假如答案是肯定的，试问你如何还能利用这样一颗心去争取事业的成功？"

在坚持中寻找希望

追逐梦想的过程如同在跑马拉松，我们看不到终点，只能看清脚下的路。此时我们看不到前进的方向，天上的星星帮不上我们,手中的灯笼也只能照亮脚下的一小块路。我们别无选择，只能不畏艰辛、永不言弃地坚持跑下去。我们每跑一步，就会离终点更近一点，只要不放弃，总会到达终点。这种希望之火就像手中的灯笼一样永远照耀着我们，使我们无惧前路的曲折与艰难。所以，我们一旦确立了目标就应全力以赴、坚定不移地走下去。我们要勇敢地面对这条荆棘丛生、布满石块与陷阱的曲折道路，直至取得最后的成功。那些遇到困难就退缩的人，即使成功近在眼前也会与它失之交臂。我们要勇往直前地向成功迈进，停滞不前只会使之前的一切努力都付诸流水。

在通往成功的道路上，时不时都会有新的问题出现，我们不可能一次将它们全部解决掉，全面出击最终只会导致任何问题都没有得到妥善解决。千里之行，始于足下，我们不要好高骛远，应该一步一个脚印，踏踏实实地过好每一天。如果我们光想不行动，并且一会儿一个念头，终将一事无成。我们在做事情的时候要本着一种务实的精神，稳步向前发展，即使慢一点也无所谓，这样反而更容易创造辉煌的成就。因为在这个过程中，我们的精神状态变得更加饱满，我们的斗志也变得更加昂扬。我们想要实现自身理想、陶冶情操、磨砺意志、拓宽视野、激活思维能力，都需要持之以恒、乐观积极地去奋斗。

人的言行举止都会在无意间暴露出他的生活态度及目标，这是人内心的真实写照。我们可以通过一些琐事看出一个人的气度和涵养来，而他的人生方向也将从他对待生活的态度上体现出来。生活会因为有梦想而变得有趣，虽然追寻梦想的道路十分艰苦,但我们也必须始终怀着希望。

尼罗河战役发生的前一天，在纳尔逊描述完自己的战略方案后，巴里上尉兴冲冲地问："要是我们胜利了，人们会给我们怎样的评价呢？"

纳尔逊说："在战场上什么情况都有可能发生，所以在这种时候，做任何假设都是毫无意义的。我们的军队毫无疑问会是胜利的一方，但是谁能从残酷的战争中存活下来，将自己经历的一切讲述给旁人听，现在还是未知之数。"

听了这话，军官们都站起身来，自会议室返回了自己的军舰。纳尔逊在他们身后，又补充道："明日此时，我要么已取得了在威斯敏思特大教堂的墓地中安寝的殊荣，要么已获得了高尚的贵族头衔。”他的双眼目光如炬，当所有人都在为失败担忧时，他的内心却被必胜的信念充斥。

拿破仑派出一些工程师前去探索一条能穿越阿尔卑斯山的路。当工程师们返回时，拿破仑问他们：“从这条路直接穿过去可行吗？”他们含混地回答道：“也不是完全不可行。”对于他们的话外音，拿破仑并未在意，当机立断地说道：“那我们马上前进！”他虽然长得并不高大，说出来的话却字字千钧，全然不理会工程师们的暗示：从这条路穿越阿尔卑斯山势必凶险重重。

当拿破仑想从这条路穿越阿尔卑斯山的消息传来时，英国人与奥地利人都忍不住鄙夷地冷笑起来。那是个“过去从来没有、以后也必将不会有车轮碾压过的地方”。他们倒要看看带领着7万大军拖着沉重的大炮、弹药以及其他战略储备的拿破仑到底要如何越过那片不毛之地！

拿破仑麾下的马赛纳将军受困于热那亚，军队粮草殆尽。奥地利人本以为自己已是胜券在握，哪承想拿破仑竟会突然带着军队赶至，令他们措手不及。就算是阿尔卑斯山也吓不倒伟大的拿破仑，他率领着大军成功翻越了这座高山，最终取得了这场战争的胜利。

人们总喜欢在一件先前几乎被所有人断定不可能发生的事件成真时，跳出来说这件事早该做成功了。那些先前在这件事上栽跟头的人则会努力帮自己的失败寻找托词。

为了粉饰自己在困难面前的懦夫形象，他们不惜将困难无限夸大以证实并非自己懦弱，任何人遇上那样的困难都会无能为力。与拿破仑相比，很多将领缺少的只是坚持到底的勇气与信念，而非穿越高山必备的工具、擅长在山路中行走的士兵、作战中所需的武器装备等。当面对旁人难以想象的困难时，拿破仑选择了迎难而上。他对胜利有着强烈的渴望，这种渴望促使他就算没有机会，也要为自己创造机会，并抓紧这难得的机会赢取辉煌的胜利。

对人们而言，希望远比梦想的价值大得多。希望也是想象的一种,但是它往往预示着未来具有很大的实现可能。因为希望产生的基础正是现实，它是想象没错，却是最合理的想象。当你身陷茫然，意志薄弱，找不到人生的价值所在时，希望会给你指明道路，让你坚定信念，意志坚定地奋斗下去。

无论如何，人们都应该持有希望。只要紧握一线光明的希望，便可以在茫茫暗夜之中坚持到底，最终找到光明的所在。

有了希望，才能将人们的潜能释放出来，才能激起人们的斗志，为实现自己的人生目标不断奋斗，最终达到自己的目标，将梦想真正变为现实。

要是南方与北方的冬天一样寒冷，那么候鸟当然不会生出到南方过冬的希望。人类之所以会产生希望，不断朝着更远大的理想进发，原因无非是对现状不满意，期待能通过自己的努力，赢得更加美好的未来。每个人都希望生活得更好，没有人希望自己的境况越来越糟糕。每个人都希望能充分发挥自己的才能，实现自己的人生价值，令自己一生无憾。

希望要切合实际才有可能变为现实，因而人们在确立理想时一定要把握好度。不要让希望沦为不合常理的空想。所有人都要珍视希望，才能最终将其变为现实。

人们之所以生存在这个世上,完全是因为理想的支撑。一个人的生命究竟有何价值，透过他的人生理想即可获得深入了解。

要想意志坚定，必须要有希望做向导。只有这样，才能最终让思想稳定，坚如磐石。远大的人生理想对所有人而言都是必不可少的。当一个人有了明确的希望和目标，他的思想就再也不容易受到恶劣环境的侵蚀，他便可以义无反顾地奋斗到底。

希望最终往往会变为现实。只要人们能通过合适的途径，发挥自己的才能，不管希望拥有高尚的灵魂、健康的身体、巨大的财富、高高在上的权位等，统统都可以实现。希望能赐予人们强烈的进取心，最大限度地释放人们的潜能，让人们能斗志高昂、不惧艰难、坚持不懈地奋斗到底，最终取得意想不到的巨大成功。

人们只要紧紧握住希望之光，矢志不渝地付出努力，便一定可以成为最后的成功者。那些不重视希望的人，往往会错失很多成功的良机，最后的结局往往是庸庸碌碌，一生无所作为。

如果将人的一生比作修建一幢大厦，那么必须在动工之前，确立可以将其修建成功的希望。这种希望无疑会在修建的过程中发挥重要的作用。工程师往往会在大厦动工前就已经将建筑蓝图描绘好。而成功人士总会在开始行动之前，就充满了对成功的希望。

当然，计划制定好以后，更重要的是付诸行动。如果在行动的过程中松弛懈怠，那么再好的计划也没有实现的可能。工程师设计的蓝图再好，不开工建设也是白费。

在通往成功的道路上，我们要奋勇向前，坚持到底。只有这样，令人忧虑的结局才永远都不会发生，而我们也能在这个过程中培养优秀的品格。

每个人都应让自己的内心充满希望，只有这样，才能拥有坚持到底的动力，才有可能最终实现这些理想。

对未来充满美好的期待

一个对未来满怀期待的人，会从这种期待中获得巨大的动力，为实现自己的人生目标不断奋进。

对未来满怀乐观的期待，是人生之中最有价值的事。那么,何谓乐观的期待呢？希望拥有最美好最幸福的将来，这便是对未来最乐观的期待。有了这样的期待，人们便能在成功的道路上坚持不懈地奋斗下去。

对未来强烈的期待会促使人们积极进取，最终赢得自己预想中的美好前程。人们若期待事业有成，便会拼尽全力在商场打拼；人们若期待流芳千古，便会竭尽所能造福社会。

很多自幼生活贫寒、身份低微的人都坚持这样一种观点：人世间所有美好的东西都是给那些身份高贵的人准备的，自己根本没有资格享受一分一毫。只有身份高贵的人才能住豪宅、穿名牌、吃美味佳肴。像他们这种身份卑微的人，一辈子都无法脱离自己的出身，无法摆脱贫穷的桎梏。若是一个人的内心充满了这种自轻自贱的思想，试问他如何还能有信心迈出通往成功的脚步？

成功永远不会眷顾这类人：他们对自己毫无信心，对未来毫无期待；他们故步自封，不思进取；他们坚信世上一切的美好都与自己无缘。

可以说，人们有什么样的期待，便会有什么样的收获。当然，在这个过程中，还需要坚定信念，不断奋斗，坚持到底。当人们对未来的成功有了强烈的期待时，首先要做的就是让自己的信念坚定下来。一个总在质疑自己的能力、欠缺自信的人，绝对不会成为一名成功者。只有那些积极进取、大胆创新、乐观向上、对未来充满期待的人，才会取得最终的成功。

著名的作曲家汗德尔在少年时期被家人禁止接触乐器，就连上学的机会也被剥夺。然而，他并没有因此气馁。每天半夜三更，他都会悄悄来到一处隐秘的阁楼，利用那里的一架废弃的古钢琴练琴。巴赫在少年时期，曾为了抄下自己所看的书，去问人借蜡烛，结果遭到了拒绝。可他并不灰心，坚持在月光下抄书。著名的画家维斯特起初的练画地点也是在阁楼上。没有画笔，他便偷偷拔了自家小猫身上的毛做成一支画笔用。眼前的困境并没有阻挠他们的成长，因为他们相信未来。

那些对成功既期待又畏怯的人，基本上没有获得成功的机会。一个人若想获得巨大的财富，就一定要克服心理上的矛盾与挣扎。想要获得财富，便不能安于现状，要勇于突破自我，直面前进道路上的一切艰难险阻。只有这样，最终才能进入财富的殿堂。

大多数人在心理上都存在一种惰性，对改变现状持畏惧态度，犹犹豫豫，不愿采取行动。人们只有在战胜了这种惰性以后，才能获得成功。人们对于未卜前程的恐惧，就是这种惰性产生的根源。当人们的内心被恐惧充满时，想要获得成功几乎就变成了不可能事件。要战胜内心的恐惧与惰性，就必须要对未来怀有乐观的期待。对健康生活的期待，对美满家庭的期待，对高尚品格的期待，都将对人们走向成功大有帮助。

对于未来，很多人都持有乐观的期待。他们拥有强大的自信心，坚信自己一定能够成功，而且这种信念在任何情况下都不会动摇。他们是如此的积极乐观，无形之中引发了某种未知而强大的力量。他们就是在这种力量的强大作用下，在通往成功的道路上势如破竹。

要想将自己体内的潜能全都激发出来，就一定要对未来怀有积极乐观的期待，对成功怀有极度的渴望。

不管在什么情况下，都不要质疑自己的能力，因为只有那些信念坚定、对未来怀有美好期待的人，才有希望走向成功。要想将世人眼中难如登天的成功事业变得唾手可得，就必须要有乐观的期待、必胜的信念以及顽强的意志。

人生必须要有一种疯狂的必胜信念

无论做什么事，都要有这样的信念：我一定会成功！一个对自己的能力完全不确定，满心惶恐的驯兽员是不可能成功的。要想成为一名成功的驯兽员，必须要树立这样的信念："若是连我都驯服不了这些野兽，那就没有人能驯服它们了！不用怀疑，我一定可以成功！"驯服野兽绝非易事，但只要有了必胜的信念，再困难的事也会变得简单。

无数事实向我们证明，只有坚定信念，才能获得成功。一个人的勇敢自信，会在眼神中表露无遗。我们一定要战胜自己眼神中的畏怯，坚定自己内心的信念。成功之路艰难坎坷，稍有不慎便会造成不可预计的后果。在这种情况下，没有必胜的信念相信自己一定能成功的人，必然走向失败。目标的达成必须要有决心，这一点不管对什么人都同样适用。

一名商人，若是对自己总持怀疑态度，成功便会自动远离他，那么他如何在商业领域建功立业？要想功成名就，有一个条件必不可少，那就是必胜的信念。任何事在开始之前结局就已基本确定了：你怀有什么样的信念，便会得到什么样的结果。做事之前先要考虑清楚，就如设计好图案之后才能开始织布。我们行进的方向由信念指引，能够最终将我们引向成功的则是必胜的信念。

那些对未来完全没有信心的人，在行动之前就已经失败了。在这个世界上，穷人占据了大多数，或许你就是那大多数中的一员。若你还在为此愁眉不展，无计可施，那么将来等待你的依然会是贫穷，不会有任何改善。一个学生，若对自己升学的能力毫无信心，在应该埋头苦读的时间，他却在抱怨重重，那等待他的结局必然是升学失败。一个年轻人，若在失业后便陷入了胆怯怀疑的误区，完全不再信任自己的工作能力，那他便很难再找到一份好工作。

一个连自己都看不起的人，如何能叫别人看得起？又如何能有勇气、有毅力追求自己的事业？人们总说对自己评价过高的人惹人反感，殊不知对自己评价过低的人更遭人憎恶。我从未见过一个自我评价极低的成功者。因为人的自我期望与成就是成正比的，期望值越高，相应的成就也就越大。一个根本看不起自己的人，其自我期望值如此之低，又怎能成就一番大事业？

若认定自己是个平凡的人，你的表现绝对不会出众。自我感觉欠佳者，其大部分潜力都将得不到开发。人应该客观地评价自己，制定合理的奋斗目标，唯有这样才能得到自己应有的成就。

最可悲的是，很多人在孩童时代，就已丧失了必胜的信念。家长和老师或明显或隐晦地告诉他们，由于他们才能匮乏，日后定然难有所成。这种行为的恶劣程度比起犯罪有过之而无不及，因为它将孩子对未来的信念与勇气毁之殆尽。孩子们学到知识的多寡并不是最关键的，最关键的是他们对人生树立了怎样的态度，这一点极少有家长或老师能够明白。

我认识一些人，他们都立志要功成名就，其中有人的理想是做医生，有人的理想是做生意，还有的人想做律师。可惜，他们最终都没有实现自己的理想，原因就是不具备必胜的信念，在小小的挫折面前就信心尽失，自动缴械投降。成功从来不属于这样的人。

我也认识一些与之截然相反的人，他们对工作热情洋溢，对未来充满信心。他们立志成功，便不会因为任何挫折而产生动摇。坚定的信念仿佛成为一种器官，牢牢生长在他们体内。人们要在工作生活中投入百分百的热忱。失去了热忱，也就意味着失去了灵活的思维与坚定的意志，失去了追求成功的意念，最终失去了人生的所有快乐。因此，不管周围的环境多么糟糕，人们都应时刻保持热忱。

信念坚定是所有成功者的共同特征。他们似乎天生就要与成功结缘，失败从来不会成为他们思考的问题。他们所持有的坚定信念，永远不会因为别人的怀疑与轻视发生动摇。这一点对于他们至关重要。只要有胜利的把握，他们便会毫不犹豫地展开行动，追求成功。他们身上具备的成功者的潜能，使得他们在生活中颇具领袖之风，面对任何情况都能处理得当，游刃有余。这对其身边人的生活也将产生巨大影响。

人的潜能会因强大的信念而得到最大限度的发挥，信念能够创造奇迹。成功者必定信念坚定，而失败者之所以会走向失败，信念不足便是主要原因。在挑战面前，失败者没有必胜的信念迎难而上，只会一味畏惧退缩，让成功距离自己越来越远。

要想令人记忆深刻，就必须展露出强者的姿态。终日满怀犹疑与怯懦，是失败者才有的姿态。持有必胜信念的人，其自信会从心底散发出来。有的人尽管心里完全没底，却还要假装自信满满，结果被人轻而易举就看穿了。真正信念坚定的人，拥有令人绝对信服的气场，甚至叫人宁可不信任自己，也要相信他们。

赢得别人的肯定与支持，是每个人在工作过程中都会产生的欲求。人们希望所有人都能认同自己的计划，并据此展开各项工作。例如，医生想得到病人的倚赖，律师想得到客户的信任。然而，这种希望的达成需要有坚定的信念做支撑。如果他们对自己都没有信心，不相信自己可以做好这份工作，又如何能奢望别人给自己这样的评价呢？我们并没有太多时间可以浪费，想要成功的话，从这一刻开始就要坚定信念，付诸行动。假若一直迟迟疑疑，瞻前顾后，只能错失成功良机，日后悔之晚矣。

若现状不能叫你满意，便要马上行动起来改善这种状况。与众不同的成就，源自与众不同的信念。不要让各种杂念侵蚀了你的意志，坚定地朝着自己的预定方向行进，成功就在前方。

若几个人才能相当，最先成功的必定是信念最为坚定，敢想敢做的那一个。没有必胜的信念，对自己的才能明显缺乏自信，这样的人如何能取得成功？只要有信念，黑夜绝不会统治我们的一生，黎明的到来只是迟早的问题。成功的道路迂回曲折，走到最后终点的只会是那些怀有必胜信念，永不言败之人。古往今来成就非凡者，无论遇到怎样的困难，都不会对自己的能力产生半分怀疑。信念动摇，信心尽失，无数人因此在成功大道上半途而废，试问天下间还有什么比这更悲哀的呢？

成功者必须具备这样的素质：坚定信念，无论在何种情况下都毫不动摇。人类社会之所以能发展到今天，信念的巨大推动力不可小觑。成功的道路上磨难无数，信念稍有动摇便会半途而废。怀有必胜信念之人，对未来的成功自信满满，所以他们能够在磨难面前镇定自若，从容应对。

成功最好的拍档便是这种信念，唯有它能够支撑人们时时刻刻保持旺盛的斗志，奋勇拼搏，坚持不懈。所以，不管眼下的情况多么糟糕，未来看起来多么黑暗，我们都要保持必胜的信念，勇敢坚定地走下去。成功人士的一个共同点就是，无论何时何地，他们都能保持坚定和信念和旺盛的斗志。这种精神最终将他们推向成功的高峰，高高在上俯视下面随波逐流、碌碌无为的人群。

立志成功之人，会满怀信心地朝着目标奋进，无论结果怎样，都会勇敢面对。他们相信人定胜天，路是人走出来的。他们唯一的目标便是“成功”，愿意为此付出一切。他们笃信自主创新，前人走过的路，他们断然不会再走。当机立断是他们的一贯风格，一旦定好行动计划，旋即付诸实践。在他们眼中，所有前进道路上的坎坷艰难，只是试炼，而非障碍。当一个人做到了这些，毫无疑问，成功必将是属于他的。

美国很多伟大的人物都是如此，林肯、华盛顿、格兰特，等等，无一例外。每个人都应该阅读一下他们的传记，让他们伟大的精神感染自己，指导自己前进的方向。

成功需要果敢、坚定、必胜的信念。没有果敢、坚定、必胜的信念，便不会有坚持到底的意念，成功也就无从谈起。因而，为了最终赢得成功，我们必须时刻保持旺盛的斗志和必胜的信念，义无反顾地勇往直前。

把自己看作成功者

成功的机会是靠自己争取的，只要鼓足勇气，坚持不懈地努力下去，就可以为自己争取到成功的良机，做自己命运的主宰者。可惜，很多人并不相信这一点。他们盲目认定，人人都被不可抗拒的命运控制，命中注定有些人是成功者，有些人是失败者，无论人们怎样发挥主观能动性，都无法改写自己的命运。失败者通常都抱有这样的心态：自己并不是幸运者，根本没有成功的机会。这是一种多么无知的念头啊！世间最可悲的莫过于对命运毫不反抗，屈服到底。这种自暴自弃的做法最终将毁灭人的灵魂。若是他们能及时纠正自己的思想偏差，积极乐观地去追求事业，便不会被失败的阴影笼罩一生。心理上认定自己成功的人才有机会功成名就；否则，便将这种机会永远阻隔在了门外。

将自己视作天生的失败者，无异于对成功关闭了大门。这种人心里想的永远都是失败以及失败以后会怎样，他们就如被采摘下来的花，在很短的时间内就耗光了生命的全部能量。一个人的思想若被失败的预感占据得满满当当，他的行动自然而然就会向失败靠拢。失败的思想，最终必将造就失败的结局。在现实中，这种失败者随处可见。他们好逸恶劳，却将自己的失败归咎于运气欠佳。他们从来不曾认真思考过这样一个问题：很多成功者的条件与自己相当，甚至比自己更加恶劣，为什么两者之间的成就却有着天壤之别？

成功从来不是偶然事件，而是由积极自信的心态决定的。拥有自信的人，即使没有出众的才能，也能取得一定的成就。这就是为什么有许多资质平平的人，其成就却高于那些才智出众的人。人们失败的原因，在很多情况下都是因为心态出现了偏差，与才能并无关联。也就是说，阻挠我们走向成功的关键因素往往是心态而非能力，拥有成功的心态对人们至关重要。想要成功，先要让自己向成功者的形象靠拢，无论是外表还是内在。如果能够这样坚持下去，成功只是一个时间的问题。

你将来的形象，一定是由你的现在决定的。若是你立志做英雄，那么只有从现在开始培养自己大无畏的英雄气概，才有最终实现理想的可能；假如你是一个胆怯羞涩的人，要改变这种现状，就必须让自己坚定信念，相信自己是一个勇敢的人。不要给自己任何动摇信念的机会，无论何时何地何种情况，都需昂首挺胸，勇往直前。假如一个人能在恰当的场合与时间展露出自己成功者的一面，那么不管他多么胆怯羞涩，都有获得自信、赢取成功的希望。生活需要自信者。

如果你对自己缺乏信心，可以用这样的话来鼓励自己："首先，我并非别人眼中的焦点，他们不会给我多少关注；其次，就算他们真的将我视作焦点也无所谓。我就是我，我的生活应该完全按照我自己的意愿继续下去。"

内心的胆怯与羞涩让你没有变成勇士的勇气。要想克服这一点，就必须时常给自己这样的暗示："我是天生的成功者，这个世界上再没有人比我更有资格获得成功。"一旦在心里坚定了这样的信念，便将自己的形象完全改变了，由懦夫变为勇士。在这个过程中，自信和勇气都将接踵而至。你要以自己的实力证明给那些骂你愚蠢的人们看，他们才是真正愚蠢的人，而你是真正的智者。

不要害怕磨难，因为人只有经历过磨难才能取得进步。每个人都拥有自己独特的才能，假如因为磨难而故步自封、不求精进，便是对自己才能的可耻浪费。成功永远不会光顾这种犹豫胆怯的人。我们必须要为自己努力创造机会，争取成功。不要胆怯，不要犹豫，想要什么，就勇敢地追求到底。只有这样，才能找到成功的正确途径。

自我暗示对人生信念发挥着至关重要的作用。我们所遭遇的种种惨痛，皆可借助自我暗示进行调节。通过自我暗示来坚定必胜的信念，能够帮助我们克服任何困难。反之，如果信念动摇，能力再强的人也会面临失败。

任何人如果能将自己的潜能很好地发挥出来，都会获得一定的成就。这就要求我们给予自己高度的评价，从而激发起体内潜藏的巨大能量。思想指导我们的行动，成功需要自信积极的思想做指导。要想加快走向成功的步伐，我们便需要给自己恰如其分的积极评价，并且要对自己有信心，坚信我们比别人更优秀。这样的信念将会在精神上给予我们强大的支持，促使我们最终走向成功。

第六章

生活以恶劣相待，又当如何

青春年少的你，不要被烦恼束缚

人类在精神方面的进步，远没有物质方面的进步那样迅速。机器运转的效率提升总是远远快于民主、教育等精神文明的建设。在刚刚过去的几百年间，人类取得了大量的物质发明成果，可是在科学思维的进步过程中却屡遭挫败，损失惨重。

有人提出了这样的观点：在未来世界中，一名优秀的医生仅仅具备高超的医术是不够的，他还需要有足够的心理学知识的储备。因为他的工作将分为两部分：治疗人们的身体伤病只是其中一部分，他还需要对人们的心理健康进行指导。健康的生活方式要有正确的思想作为引导。人们的身体健康与否，总是与心灵健康直接挂钩，这一点永远都不会改变。

忧愁就像魔鬼一样，时时困扰着那些心态不够稳定的人。当你被这个魔鬼找上门时，便需要暂时停止手头的工作，认真思量一下自己的失误，为自己将来的行动制订完善的计划。人们有必要时常扪心自问："为什么我要浪费掉一生之中最好的年华，终日庸庸碌碌，一事无成？为什么我要放任自己的时间白白浪费掉？为什么我不能把握自己的命运，而要甘心做命运的奴隶？”善于思考的人，会在心里为自己规划崭新的人生，这类人能享受到旁人难以体会的幸福与满足。

童年时代是许多人共同怀念的阶段，原因就是在这个阶段，尚没有许多欲望在幼小的心灵之中扎根生长。当我们长大成人，便很难再感受到满足与快乐。这个时候，工作和生活的压力铺天盖地砸在人们身上，各种各样的疑问都难以再找到答案。生命中真正属于自己的时间少得可怜，因为其中四分之三的时间都被别人占据了。可以说，成年后的大多数人完全被自己的命运掌控，难以自主。无数人终日忧心忡忡，害怕会有意外发生，害怕死亡会骤然降临。这种人的生活永远被巨大的阴影笼罩，工作上毫无建树不说，还未老先衰。

很多人都因为压力过大而烦恼重重。他们为了暂时逃避压力，不惜借助烟酒等进行自我麻痹，严重损害了自己的身心健康。其实，让人类痛苦的往往不是工作本身，而是自己的烦恼。因为害怕并厌倦自己的工作，所以产生了烦恼。对任何人而言，烦恼都是有害无益的。它不能给人们任何帮助，不能改善人们的现状，只能给人们的身心健康带来无谓的损伤。人类因烦恼造成的损失是不可估量的。很多人在面对自己的烦恼时束手无策。烦恼来自失望和痛苦，反过来，它又会制造更多的失望和痛苦。

成功永远不会眷顾那些终日愁眉苦脸的人。因为他们无时无刻不在为那些几乎不可能发生的事情忧心，对自己的未来完全没有信心。这类人的一生都是残缺不全的，外人根本无法了解他们。

人的潜能会被烦恼压制。如果一个人在处理烦恼的过程中花费了太多的精力，那么他还剩下多少精力发挥自己的才能？过多的烦恼只会浪费人们的精力，使其再无余力追求成功。除了浪费精力和体力之外，烦恼还会把其他所有的东西都毁灭殆尽。

烦恼会严重影响人们的工作和生活。处在烦恼中的人们，根本无法集中精力做好自己的工作。烦恼就好像在人的血液里注入了毒素，不断侵蚀着人的身体和灵魂。

一个被烦恼与忧愁控制的人，很难有所成就，而且很少有人会喜欢跟这样的人待在一起。在现实生活中，这类人往往会沦落成为孤家寡人。

人们天生愿意去接近那些生活得幸福快乐的人。没有人愿意与那些终日愁眉不展的人在一起，让自己也身陷烦恼之中。人们要学会做自己情绪的主人，而非让情绪控制自己，阻碍自己走向成功。人们应当时时刻刻保持积极乐观的心态，不管周围的环境多么恶劣，都不要让自己陷入失望堕落的深渊。

烦恼会使人的心理和外表都过早地衰老。在现实生活中，许多人的容颜未老先衰，不是因为生活条件太差，常年要从事艰苦的劳动，而纯粹是因为烦恼的缘故。他们的生活被无尽的烦恼困扰，完全丧失了原本应有的快乐与轻松。这样的人，即使物质条件再好，也无法阻止自己快速衰老的步伐。我曾见过一些人，只是被烦恼纠缠了几周，便已生出丝丝白发，可见烦恼对容颜的摧毁有多么残酷。

为了青春常驻，一些女性常常会去光顾美容院。事实上，青春常驻的灵丹妙药就藏在她们身上。让自己远离烦恼、保持愉悦就是战胜衰老最好的药方。可惜大多数人都不了解这一点，反而在因衰老而烦恼的过程中，加快了自己衰老的步伐。

要想消除烦恼，保持心情愉悦很重要。别再对自己已经犯下的错误耿耿于怀，要将更多的注意力转移到生活中好的方面。当然，要保持心情愉悦，健康的体魄也非常重要。一个常年卧病在床的人，很难有愉悦的心情，自然会经常感到烦恼。强健的体魄能让人每天都精神焕发，胃口大开，这样的人很少能感受到烦恼。

在你的情绪极端失落，马上就有被烦恼攻城略地的危险时，自信和勇气将会给你战胜烦恼的强大力量。人们在受过这种专业训练之后，能够在几分钟的时间内轻而易举地摆脱忧愁的困扰。可惜，这一点大部分人都无法做到。

他们完全无力对抗消沉悲观的情绪，并以积极乐观取而代之，只能困守在忧愁的城堡之中，做着无谓的挣扎与反抗。

已经陷入烦恼之中的人们也不用担心，只要你肯努力，完全可以摆脱烦恼的控制。让希望充满你的内心，将消沉、失落、彷徨从你心中驱逐出去，烦恼也将随之消失。

那些身体染上伤病的人，若能一直坚信自己必将恢复健康，那么不管他们的身体多么差劲，都不会让自己的心理蒙上不健康的阴影。这种积极向上的心态会对他们的病情恢复大有帮助。要摆脱烦恼与忧愁，时刻保持乐观向上的心态非常重要。

竭尽所能改善周围的环境，是一个令人们脱离苦闷忧愁的好方法。人们应当保持乐观积极的心态，不管周围的环境怎样变幻，这种心态都不能有丝毫动摇。如此一来，周围的人也会被这种积极乐观深深感染。当情绪陷入沮丧中时，要想摆脱这种沮丧，过多地怀念过去是不行的，将注意力更多地倾注于对美好未来的憧憬，才是正确的方法。

用积极的心态去克服自身的恐惧

恐惧是一种消极的思想。人们的才能往往会因为恐惧而难以发挥：恐惧感会压抑人们的热忱与创造力，改变人们一贯的思维方式，并摧毁人们的自信心。恐惧感会对人们的生活造成极为恶劣的影响，甚至将一个人的思想灵魂彻底毁灭。恐惧感的破坏力如此之大，所有人都应对其采取高度重视。

最近，一家出版社做了一项有关恐惧感的调查，结果发现在 2500 余名调查对象身上的恐惧类型高达 7000 余种。这些恐惧包括：对贫穷的恐惧，对失业的恐惧，对传染病的恐惧，对子女夭折的恐惧，等等。

不少人在面对未知的未来时，往往恐惧到无法自持的地步。他们完全不懂得怎样消除这种恐惧感，只能在恐惧的阴影之中惶惶不可终日。

深感恐惧之人，表现出来的总是恐慌，这种人通常都会过早地衰老。恐惧让他们深感绝望，时常觉得生无可恋。

很多人难以摆脱糟糕的情绪，只能终生在恐惧与焦虑之中苦苦挣扎。担忧与恐惧是人们追求和谐的最大障碍，带给人们无穷无尽的痛苦。可以说，人们对和谐的追求是一项要求颇高的艺术。

人类的绝大多数恐惧都是完全没有必要的，但是这种惯性的恐惧氛围却难以消除。严重者甚至可以将任何事都视作自己的恐惧对象：做生意担心赔钱，吃饭担心吃坏肚子，开窗担心吹风受凉，大声讲话担心隔墙有耳。这种人连仔细看清楚事实的勇气都没有，一味自以为是地沉浸在莫名其妙的恐惧之中，就好像得了恐惧症一样。他们深陷在恐惧之中无法自拔，困难、贫穷、失败，甚至打雷闪电等自然现象都会使他们深感恐慌。有些人总在担心自己会生病，并想象出各种各样恐怖的症状安插在自己身上。这种人完全失去了自我，仅余下恐惧感将他们的头脑占据得满满当当。他们恐惧所有的疾病，认定自己的身体已彻底失去免疫力。不管自己此刻多么健康，在他们看来都已病入膏肓，无药可救。

事实上，很多失败者完全有能力从失败的阴影中脱离出来。若是他们能够及时调整好自己的心态，摆脱恶劣情绪的困扰，重新积极高效地投身工作，便可以反败为胜。人类的恐惧感只是一种情绪，并非真实的存在，但是这并不妨碍它对我们的生活造成巨大的损害。一旦陷入恐惧，再强大的人也会变成胆怯卑微的弱者。人们的理性会在恐惧之中消耗殆尽，完全失去做出正确判断的能力，无论什么事都会成为其恐惧的源头。贫穷、饥饿、疾病、失业、灾害、破产等，都会引发巨大的恐惧，令人神智尽失，想象停滞，只觉所有人都站在自己的对立面，所有事情都在向着不利于自己的方向演变。一个深陷恐惧无法自拔的人，势必将走向绝望的毁灭之路。

近来，有医生声称，人们在深陷恐惧时，其情状便好比小舟面临洪水。人们的自信将在恐惧产生的刹那消亡，随即被绝望的黑暗笼罩，再难脱身。一个人如果没有理想固然可悲，但是如果其理想被恐惧挟持，岂非更加可悲？愚蠢的恐惧摧毁了无数人的前程，让他们兜兜转转一生，却始终无法接近成功。所有理智清醒的人都应认识到恐惧感的强大破坏力，想方设法消除自身的恐惧。

人们的烦恼总是随着年龄的增长而不断变化，但恐惧却是各个年龄段的人们共同的烦恼。引起人们恐惧的因素五花八门，例如未知的将来，可能发生的意外，人类注定的死亡结局，可能会失去爱人，等等。无数人在这些恐惧的折磨之中痛苦度日。

很多人终日生活在恐惧之中，工作还没开始，就在不停地预测工作过程中可能发生的种种意外。无论白天还是黑夜，他们的思绪都被这项工作的细枝末节占据得满满的，神经过度紧张，从而导致失眠。这些人永远都在担忧将来之事，并将其视作不可能逾越的巨大障碍，所以他们无时无刻不在感受着巨大的恐慌与忧虑。

怎样判断自己是否总在做着无谓的担忧呢？那就要问问自己，是否每天都感觉身心俱疲，是否对任何事都提不起精神？如果答案是肯定的，那么就是时候改变一下自己的生活态度了。

深陷恐惧的人们通常无法找到自己恐惧的根本原因，只是一味地在痛苦中沉沦。他们不明白，让自己的创新能力和自主能力丧失殆尽变得越来越悲观、越来越消沉的罪魁祸首正是恐惧本身。充分的自由是美好生活的必需品，但恐惧感会不断蚕食我们的自由。被恐惧感控制的人，无论做什么事都会感觉束手束脚，毫无自由可言。

恐惧一旦入侵我们的灵魂，必将一发不可收拾。因此我们一定要提高警惕，坚决不给恐惧以可乘之机。在此之前，已经有很多人沉沦在恐惧的深渊之中，丧失了人生所有的自由与快乐。恐惧感使得他们无论在身体上还是心灵上，都遭受了不可弥补的巨大伤害。

人类由于恐惧造成的巨大损失，已经无法用数字衡量。恐惧的破坏力极为强大，无数人的斗志与勇气、希望与意志，都在恐惧中消亡。许多原本可以取得的成功，皆因恐惧而无法实现。人们的才能因为恐惧而得不到尽情地发挥，强大的想象力也因为恐惧被紧紧束缚了翅膀，美好的理想更因为恐惧而早早夭折。

追溯恐惧的源头，我们会发现一切恐惧皆源自无知。人们之所以会感到恐惧，是因为对自己的能力所能达到的高度欠缺了解，因而完全没有自信心。事实上，每个人都有着巨大的潜能，其中能够被清晰感知的只是极小的一部分。只要将自己的潜能激发出来，任何人都可以是成功者。

人们生活所需要的一切都可以通过自己的努力得到满足，对此心存疑虑而产生恐惧完全是多余的。很多人之所以会忧心失败和贫穷将要降临到自己身上,原因就是无知。当他们意识到自己完全具备成功的潜能时，便会自动消除对失败的恐惧。自信心的缺乏源于对自身才能的过分低估，只要人们能充分认识自己的潜能,便可以彻底消除恐惧感。

对年轻人而言，消除恐惧、保持信心显得尤为重要。因为他们在事业初期，往往要面临许多困难。当奋斗到一定阶段以后，他们会为自己赢得更多的资金和精神支持。到那时，一切恐惧感便会自然而然地消失，在通往成功的道路上，他们将会更加信心百倍。

恐惧感能够通过强大的自信心来克服。自信能够调节人们的心理，使其远离烦恼。自信能使人们展翅高翔，越过恐惧与烦恼造成的重重阻隔，抵达充满希望与光明的所在。所有长寿的人都是信念坚定之人，他们的信念源自现实生活，又超然世外。这种信念使得他们一直保持着积极乐观的心态，对生活中的一切都充满自信和希望。

浴血沙场都可以被士兵们看作等闲事，我们为什么不能学习他们勇敢无畏的精神，坦然面对生活中那些比上战场容易千百倍的事?

为不可能发生的事担忧恐惧，并在这个过程中白白牺牲自己的健康与生活的乐趣，这真是天底下最愚蠢透顶之事！所有想要取得成功、愉快生活的人们，必须要及早铲除这种无谓的恐惧思想。

要保持身心愉悦，便要坚决避免为不会发生的事情担忧。对未来的担忧会严重挫伤我们的自信心，让我们对未卜的前途充满惶恐，完全不相信自己将会取得成功。这样一来，成功势必将终生远离我们。因此，我们要时时刻刻对恐慌提高警惕，一旦在自己的情绪中发现恐慌的蛛丝马迹，就要马上采取行动将其驱逐出去。有一剂排除恐慌的良方，叫作无畏与自信。在恐慌面前，你要告诉自己:“恐慌是弱者才有的专利，但显而易见，我绝不是他们之中的一分子！恐慌者全都是卑微的人，而我是强者，绝不会臣服于命运的强势，也绝不会让恐慌占据我的内心。陷入恐慌的情绪是一种莫大的耻辱，我断然拒绝这样的耻辱事件发生在我身上。就算我现在正处在命运的低谷，但是我有足够的能力与意志，让自己重新攀上命运的最高峰。”

成功靠自己，摒弃迷信思想

近来，一些人因为哈雷彗星将要出现而陷入恐慌。这些愚蠢的人将完全正常的自然现象妖魔化。许多人恐慌到无法自控，因此生病者大有人在。更有甚者，直接选择了跳楼自杀以求解脱。

在欧洲的一些小镇上流传着这样一个谣言：我们赖以生存的地球将被哈雷彗星毁灭。这样的谣传让许多人深陷恐惧，无法自拔。他们受此影响，做出了一些在正常情况下完全不可能做的举动，包括杀人。在哈雷彗星出现之前，很多人已经预订好了棺材。在哈雷彗星出现时，不少人竟吓得当场晕厥。

在纽约可以见到这样一幕景象：人们手中拿着十字架，成群结队地在大街上游走祷告，仿佛世界末日马上就要到来。

继女人和老人之后，男人们也开始为这场莫须有的灭顶之灾恐慌不已。在纽约，黑人们在教堂中接连举办了数次通宵礼拜。很多教派四处散播言论，声称能挽救人类性命的只有本教派的仪式。

在这种恐慌的氛围中，工人和农民都无心工作。宾夕法尼亚的矿工们纷纷停工，导致很多矿山暂停作业。类似情况还有很多，各地农田荒芜，工厂停产，情况异常糟糕。

人们的盲目恐慌给了江湖术士以可乘之机，不少江湖术士利用本次哈雷彗星的出现大发横财。据一名任职于远洋航船上的海军军官说，有种每盒售价一美元的所谓“防彗星”药丸在西印度群岛上卖得异常火爆，人们纷纷将这种苦药视作救命良方。

处于远古时代的人类，由于自身的愚昧无知，对自然现象找不到合理的解释，因而时常因为一点小事便陷入恐慌。然而，人类社会发展到今天的地步，居然还有这么多无知的人在做这种愚蠢的事，这其中还包括那些受过高等教育的人。这些人在谣传面前非但不提出异议，反而参与其中，推动谣言愈演愈烈，这种现象委实叫人惊诧万分。

事实上，在此之前，哈雷彗星光顾地球的次数多得数不胜数，对地球没有造成任何威胁。

人类总是对现代社会的文明成就引以为豪，殊不知在本次事件中的表现,已使自己在恐惧和迷信面前一败涂地，即便是活在数千年前的先人也不会表现得如此糟糕。

在现实生活中，人们的迷信无处不在。很多无知妇人坚信，女性之间牢不可破的友情会在以下几种情况下被打破：其一，双方同时使用同一面镜子；其二，一方感激另一方借针给她用；其三，一方接受另一方赠予的锋利器具，例如刀等。有人相信，若送给未婚女子针箍，那这名女子必将孤独终老，无法出嫁。还有人相信，一个人若出了家门后再回去取自己忘掉的东西，那他一整天都会霉运连连。类似的迷信教条无处不在，小到用餐的位置也被染上了迷信的色彩。有人说，若在用餐的过程中调换位子，会给双方带来意想不到的麻烦。

下面这件事发生在几年前。有一天，珠宝商接待了一位顾客。顾客要出卖一颗猫眼石，因为它使得自己霉运连连，无论是在经济方面还是在家庭方面都损失惨重。然而，珠宝商经过详细的鉴定，发现这颗所谓遭受诅咒的猫眼石竟然只是一件赝品。

黑色星期五的传说令不少人闻风丧胆，在他们眼中，似乎人类的一切全都被这寻常的一天所掌控。甚至连不少聪明人都对此深信不疑，他们为了避免灾祸，宁可无所事事地浪费掉星期五一整天。

最近，旧金山的一家银行宣告破产，究其原因，竟是受一名女巫的蛊惑。该女巫冒称自己是某已故金融家的代言人，提议银行总裁投资一栋建筑。总裁对这个漏洞百出的谎言竟然信以为真，将理论知识与经验全都抛诸脑后，单凭这个迷信的提议便做出了重大的投资决定，最终导致银行破产。

不少人深信算命先生的预言，殊不知这些预言根本是无稽之谈，能够实现的可能性微乎其微。能被算命先生这类人糊弄的绝对不会是那些聪明理智的人，这种拙劣的小把戏只会引得聪明人发笑。随着人类文明的不断发展进步，算命先生、女巫这类职业迟早会消失。有人提出异议说，这类人的预言确实曾经有实现的案例，但那不过是巧合而已，人类社会的发展从来都与迷信没有半分关系。在现实生活中，要想避免受迷信谣言的蛊惑，就必须坚信科学，提防骗子。

人类从来都是矛盾而复杂的，一面惊叹命运的强大，一面又无法甘心屈从于这种强大的命运，总想在超意志的帮助下将命运打败。矛盾是人类的本性，就算是智者也会做出蠢事，令人啼笑皆非。他们总以为自己生命中的不幸，完全可以通过一些不相干的行为来避免，例如吃饭时将勺子把冲向窗户的方向，穿鞋前吐口唾沫，等等。

很多受教育程度很高的人，在遇到困难时，竟然也会想到向女巫求救。这种人不借助自己的努力和智慧勇敢对抗困难，却将希望全都倾注于一些不知所谓的迷信预言之中，实在可悲可叹！无论迷信的外表多么冠冕堂皇，它都会对人类造成极大的危害，这一点永远都无法改变。一个拥有迷信思想的人，其才能会因此削减。一个被迷信充斥的社会，其公正的社会秩序也会因此遭到损坏。此外，人类的自信与意志也会在迷信的蛊惑中变得不堪一击。

迷信的人常因这种愚蠢的信念而遭到歧视。这种歧视不断深入扩展，甚至蔓延到对他们的神智是否清晰、良知是否健全产生怀疑。

思想扭曲的孩子很难在前进的道路上保持正确的方向，因而，父母们应当谨记不要让迷信思想出现在对孩子们的日常教育中。因为迷信会扭曲孩子们的思想，严重影响到他们日后的发展。让孩子自小便生活在迷信的谎言之中，天下间还有什么教育方法比这更可恶？从小便被迷信的思想扭曲了灵魂，这样的人终其一生也无法摆脱迷信的控制。

迷信就如锁链一般，困住了人们迈向成功的脚步，掠夺着人们的光明与希望。只有痛下决心，斩断这条迷信的锁链，才能为自己争取到成功的机会。一个思想受缚的人，永远不会在行动中取得成功。很多原本可以有所成就的人结果却一无所成,其中一项重要原因便是被迷信思想所困。如果一个人的一生只知道诉诸迷信，他们永远都找不到发挥自己才能的机会，只能终日庸庸碌碌，了此一生。

恶劣的思想要不得

我们处在一个庞大的社会中，其间汇聚了各种各样的思想。我们应当正确地思考，格外警惕那些恶劣的思想，这些思想包括怨憎、妒忌、仇恨、畏缩、偏激、恐慌、忧虑、迟疑、消沉、刻薄，等等。它们会为人们带来糟糕的心情，随即造成自信心的失落，使无数人的灵魂受缚，终其一生都在恐慌、烦恼等恶劣的情绪之中苦苦挣扎，找不到释放自己潜能的出口，甚至对人生充满绝望。事实上，这些恶劣的思想已消耗了人类大半的精力，对我们而言有百害而无一利。

可以说，人们走向成功的最大阻力来自恶劣的思想。因为，恶劣的思想造就恶劣的人品。所有善于思考的人都会自动摒弃自己思想中的恶劣成分，对自己将来的人生充满信心与希望。圣保罗认为，人们若是长时间将所有精力都倾注于同一件事，不断进行深入思考，日后必将在这件事上有所收获。可以说，我们是否能取得成功，完全取决于我们的思想，与之相比，命运根本不值得一提。失败者一定是那些首先承认自己失败的人。他们没有勇气去迎接命运的挑战，自信心极度匮乏，总觉得自己比不上别人。殊不知人们只要有必胜的信念，总会抵达成功的终点。意志坚定者主宰自己的命运，随波逐流者被命运主宰。同样的成就，那些意志不坚的人往往要付出更多的努力才能获得。不要存有这种错误的观点，觉得别人都是幸运儿。在这个世界上，成功绝非一早就安排好的宿命，所有成功者都是依靠自己的自信和努力争取来的。自信对人们的重要性，只有那些永远笑容满面、自信满满的人才能明白。这样的人会努力把握自己的命运，而非身不由己地被命运操纵。当人们做到这一点时，才能真正了解了何谓命运。

思想无处不在，不管身处何时何地，我们都无法逃离思想巨网的掌控。无论做什么事，思想都会不断地向我们提出暗示。狭隘的思想会严重阻碍人们社交范围的扩展，没有人愿意与思想恶劣的人深交，这类人很难拓展自己的发展空间。

人的思维与认识都难免受到自身因素的制约，往往会当局者迷，看不清事物的本质。那些思想高尚之人是真善美的化身，他们的言行举止都正直坦诚，并因此得到众人的爱戴。而那些思想肮脏之人有着令人鄙夷的阴险、邪恶的本性，他们的言行都丑陋不堪。他们语气刻薄、举止无耻、面目可憎，人们会远远地避开这种人，朋友及生意上的合作伙伴也与他越走越远，而他自己或许还不自知。

失败者若要扭转颓势，首先要清除消极的思想。若不经常打扫，思想也会积攒大量垃圾。要战胜恶劣思想的束缚，便要让自己不断思考和学习，使头脑中充满健康的思想，坚决抵御这些恶劣思想的侵蚀。否则，当我们陷入消沉的情绪，缺乏足够的自制力时，这些思想便会乘虚而入，引领我们走上不归路。圣保罗也曾忠告人们必须要远离这些恶劣的思想，这一点，所有理智清醒的人都应谨记。每个人都应做出这样的尝试：让积极健康的思想取代头脑中绝望消极的思想垃圾。要将这种无谓的消耗减至最低，努力培养平和乐观的思想非常重要。有了这种健康的思想做指导，才能提升自己的创新能力，高效工作。这种行为本身就是一种积极心态的表现，有利于最终取得成功。

只要看一个人的表情，便可以了解他此刻的心态。成功与我们给别人的印象直接挂钩。人们不会把工作托付给自己不信任的人。当别人通过表情看到我们心底的消极胆怯时，很自然就会对我们充满不信任。这样一来，我们便会错失很多升职的良机。反之，若是别人时刻见到我们满怀自信、果断干练的形象，便会对我们产生强烈的信任感，给予我们更多成功的机会。自信者才会有光明的前程，信心尽失者，迎接他们的只有一片黑暗。

你得到的生活，取决于你面对生活时所持的心态。怀有失败者心态的人，其成就永远不会超过那些怀有胜利者心态的人，两者的结局有着天壤之别。怀着失败者的心态，唯唯诺诺生活的人，永远不会在竞争中取胜。没有人不欣赏胜利者，他们无时无刻不激情飞扬、自信满满。反观那些胆怯懦弱之人，两者一对比，高下立见。

在这个世界上，真正的成功者和失败者其实都是少数，大部分人都处在两者之间的状态，既不算成功，也不算失败。这类人花费了大量的时间，在积极与消极的心态之间摇摆不定。这样的人穷尽一生也无法获得成功，尽管他们完全具备了成功的能力。这类人与成功只隔着一段很短的距离，他们欠缺的只是少量的热忱、信念与勇气。要想取得最终的成功，让我们的生命没有遗憾，必须要让积极乐观的心态贯穿我们整个的人生历程。

我们应当依从自己的思想奋勇前行，坚持到底。这样一来，终有一日会抵达成功的终点。当然，这种思想必须是成功的思想，恶劣的思想只会将我们引向失败的深渊。在造成人们失败的众多因素中，恶劣的思想占据着首要位置。所以，不管我们身处怎样糟糕的环境中，都不能放任自己的思想堕落下去。

我们完全有能力改变自己的思想。不管外界的环境多么恶劣，我们都能借助自己的努力保持纯净的思想，让自己过上美好舒适的生活。对思想的改造，会影响到我们所处的环境，甚至有可能彻底改变环境的本质。即便生活环境一模一样，不同的人的感受也会有着天壤之别，有人觉得像在天堂，有人觉得像在地狱。这种现象完全是由人们思想上的巨大差别造成的。人们总是愿意信任并支持那些品格高尚的人；反之，如果一个人浑身上下满是恶习，那么他便很难取信于人。

当恶劣的思想将人们的头脑充斥得满满当当时，试问他们如何还能保持旺盛的精力去追求成功？忧虑会扭曲人们的思想，使人们落入无知的陷阱，难以脱身。没有人会不同情那些被恐慌和忧虑折磨得生不如死的人，那么到底要怎样做才能摆脱这种恶劣的思想呢？因为情绪控制着我们的思想，所以我们要想消除恶劣的思想，就必须从源头做起，将笼罩在人们情绪上的阴影撕开，让阳光重新照耀着我们的生活。那些终日无所事事却深感疲倦的人，就是因为被恶劣的思想控制了自己的行动，只能无可奈何地虚度光阴。所以，将恶劣的思想彻底剔除，便成为我们追求成功的首要前提。

尽管思想造就失败的说法尚没有科学依据，但是无数人因为妒忌等恶劣的思想而损失惨重却是事实。妒忌就像毒药，任何人只要一碰到它，便难免遭受损失。妒忌的破坏力之大，甚至超过了很多犯罪行为。妒忌就如魔鬼一样，摧残着人们的身心。很多本应有着锦绣前程的年轻人最终一事无成，正是因为染上了妒忌的恶习。妒忌令无数人日日沉浸在痛苦之中饱受折磨。很多原本高尚的人，在不慎落入妒忌的圈套后，付出了极大的心血才改掉了这个恶习，其中的艰难只有当事人自己最清楚。

在习惯妒忌的人眼中，自己总是受委屈的那一方，他们一生之中最大的使命就是帮自己报仇。这些人的精力，大半都用于怨怼，而非倾注在自己身上。高超的才能与高尚的品格对于这类人而言，永远都只能是空想。他们生平唯一的目标就是将敌人踩在脚底下，无论怎样，这个目标都不会动摇。这导致他们的心理日渐扭曲，完全被报仇的欲念控制，无暇分身去追求自己的理想。

人们才能的发挥，会被恐慌、忧虑等恶劣的思想压制。因此，只要你想成功，就必须坚决抵制这些恶劣的思想，不断进行积极的自我暗示，坚信自己一定可以成功。成功者必须要有高尚的人格，而高尚人格的塑造则源自正确的思想。

事实上，人们一直靠自信与勇气来支撑一切。任何人都不可能在遗失了自信与乐观的生活态度之后，还能赢得成功。

所有积极健康的思想都会给自己带来意外之喜。将世界看作完美的所在，摒除一切不健康的思想，你会发现在改变自己思想的同时，全世界也都因此发生了变化。

别让焦虑毁了你的人生

报纸上曾刊登过一个真实事件。一个女孩因焦虑而自杀。这名美丽的女孩出身很好，自小养尊处优。然而，天有不测风云，她的父亲破了产，家里的经济状况一落千丈。女孩为了维持一家的生计，只好出来工作。她好不容易找到了一份速记员的工作，工作地点在纽约一家交易所。她行事谨慎，工作表现很优秀，看起来一切似乎都在朝着好的一面发展。可是谁也不知道，在这表面的平静之下，潜藏着巨大的危机。家道中落给女孩留下了强烈的阴影，她变得越来越敏感。每次看到那些衣着光鲜的同事，她总是远远地躲开，唯恐他们会因为自己衣着简朴而轻视自己。自卑在心底一天天膨胀起来，直到有一天膨胀到极限。这日，有个鲁莽的同事问她："公司的女孩子们都喜欢把自己打扮得漂漂亮亮的，你干吗不向她们学习一下呢？"听到这样的话，女孩的心痛若刀绞。之后，因为焦虑的症状越来越严重，她只能选择辞职。没有了工作，她便整天待在家里胡思乱想，终于万念俱灰，了结了自己的生命。

攀比心理是很多年轻人的通病，容易导致焦虑。社会上很多悲剧都是由此引发的。身处这个竞争激烈的社会，很多人都因为压力过大而焦虑。这类人很难找到工作，就算找到了也很难将工作做好。

焦虑的人会失去客观评价他人的能力。一名焦虑的牧师，总是会怀疑信徒们在背后诋毁自己；而一名焦虑的老师，则会不断质疑自己的才能，更在面对来自各方的压力时完全不知所措。焦虑的人会经常感到困扰，他们不善交际，见到生人的第一反应就是逃避。这样的人，是很难获得成功的。

焦虑会使人心情压抑，降低办事效率。许多人虽然受教育程度很高，拥有一份很好的工作，而且也非常努力，但最终却成了失败者，原因就是焦虑抑制了他们潜能的发挥。这种人很容易被外界影响自己的心情，即便是一点点小事，也会被他们无限放大。他们对自己缺乏信心，总是根据别人的一些举动猜测他们对自己有不好的看法，觉得他们极有可能在背后诋毁自己。事实上，这种猜测是完全不成立的。

很多焦虑的人都身居高位，他们在各方面都表现得非常完美，焦虑是他们仅有的瑕疵。这种人若想在事业上更上一层楼，就必须努力去除这个瑕疵。

焦虑的人时时刻刻都能感受到这种精神特质带来的不便。它是不能被人忽视的重大缺点，有了它的存在，狂妄、造作、淡漠等性格缺陷便会随之而来。焦虑的人，即使在面对一些小事时，也很容易情绪失控，因为他们对事情的重要与否完全不懂得分辨。

焦虑者的自信心极度匮乏，总是将注意力倾注在别人的一言一行上。他们认为别人的一言一行全都是对自己的评价，而这些评价全都是差评，自己无时无刻不在被人诋毁。然而事实却是，只有他在注意别人，而别人根本没有兴趣注意他。

最容易患上焦虑症的是文人，我认识的一名评论家就是其中的典型。他非常暴躁易怒，完全听不进别人的意见，甚至将他人的意见视作奇耻大辱。这给他的精神带来了很大的困扰，报社和出版界也对他差评不断，令他的工作和生活处处受挫。

焦虑会对人们的身体和心理健康造成恶劣影响，并严重损害人们的自尊。所以，要想保持身心愉悦健康，就必须努力改正这个缺点。克服焦虑的缺陷虽然困难，但只要我们下定决心，坚持不懈地抗争到底，一定可以取得胜利。

现实生活中，很多在某个领域有出色才能之人到最后几乎疯狂，因为他们沉迷于这种疯狂的想法中。很多人认定自己继承了很多父母的优秀品质，他们因此总是恪守自身品质，不愿改变，也从不质疑，即使这些品质是消极、错误的。导致这些人最终毫无成就的正是这种太过敏感的行为。我们应该在人生的过程中不断学习、不断改变，这样才能取得进步、获得成功。总是害怕失去会让人变得敏感和神经质，而长期处于这种苦思冥想、担惊受怕的状态中会令人对现实产生幻想。很多人盲目自信，不愿深入接触外界。这种想法占据了他们的思想，毁灭了他们的自信，阻碍了他们的成功，就如同毒蛇一样。幻想其实只是将事实夸大了而已，而且我们也都有幻想的权利。但是，始终沉迷于幻想之中会让人十分痛苦，我们的意志会长期处于煎熬之中。

焦虑的人难以培养健全的人格，而要追究焦虑的原因，通常都是因为自卑。在他们眼中，人们的所有言行举止统统都是在针对自己，贬低自己。实际上，身处竞争激烈的社会中，人们就算将精力全都用来处理自己的事情，往往还觉得力不从心，哪里有多余的精力去关注他人的表现如何？

现实与希望的巨大落差，很容易导致焦虑。很多有远大理想的年轻人，因为不知道该怎样实现自己的理想，因而终日沉浸在失落悲观的情绪中，最终染上了焦虑。焦虑让他们对现实完全屈从，再无勇气投入战斗，结果一生一事无成。

人性本善，有的人变成恶人，是工作和生活压力太大导致的结果。基本上不会有人满怀恶意，刻意去诋毁别人。

就算很多看起来很坏的人也不例外，他们同样拥有善良的一面，很少会对人说三道四。因此，焦虑是完全没有必要的。我们必须要努力改正这个恶习，这样才能增加成功的可能性。

精神长期处于高度紧张状态会引发疾病。我们必须相信世界是正常的，没有人在监视我们。现实生活中，每个人都忙于自己的事情，没空去管别人的事，这一点理智之人都很清楚。摆脱焦虑的方法之一是让自己多参加交际活动。在这个过程中，不要让注意力全都集中在自己身上，更不要肆意猜测别人对自己的评价，应当更多地关注自己周围的人和事。要谨记尊重他人，发掘他人身上的闪光点，积极学习，纳为己用。此外，还要努力培养自信心，因为只有自信，才能彻底摆脱焦虑。

唯一能摆脱这种痛苦的方法就是反其道而行之，尽量不去注意那些令人不快的缺点，重点关注我们具有的优良品质。我们应在对自己的思维方式产生疑惑时马上进行审查，并不惜一切代价地使自己恢复正常的思维方式。面对思维方式中的怪异之处我们应保持冷静，要牢记这只是一种虚假的幻想。你只要大脑中不再有这种怪念头，自然而然地就会过得愉快。你完全可以恢复正常状态，只要你能抛开那些怪念头并重拾信心。

华特里是美国知名的主持人，当他还是一个年轻人的时候，也是一名焦虑者。年轻的华特里总是觉得周围的人在贬低自己，这为他的生活带来了很大的困扰。终于有一天，他下定决心不再理会他人对自己的看法。经过一段时间的努力之后，他终于将这个严重的缺陷克服了。

有人曾问我，如何治愈焦虑，我说，最有效的法子就是树立强大的自信。因为自信之人对自己的能力心知肚明，根本不会刻意去关注别人是如何评价自己的。要让自己过得轻松一些，就不要太自我为中心，要将自己的注意力分散到周围的人和事上。我们应对别人的人格有信心，要相信所有人都不是喜欢诋毁别人的恶人。否则，别人说什么，你都觉得是在诋毁自己，那么对你而言，焦虑只是迟早的事。

摒除贪欲，做个清爽人

在现代社会中，许多人已经脱离了正常生活的轨道。他们放任自己的欲望疯长，进取心完全遭到扭曲。这些人甚至可以出卖自己的良心与尊严来换取名利。他们贪得无厌，不切实际地追求奢华的生活，只为满足自己旺盛的虚荣心。这些人宁肯借钱也要买车，就算借钱买房，也要装修豪华，在穿戴上又一味追求名牌。这些毫无必要的物质追求，让他们终日疲于奔命、心力交瘁，根本感受不到真正的快乐与满足。

许多不切实际的人，虚荣心极度膨胀，将所有精力都用于追逐那些繁华的过眼云烟。他们妄图给别人留下最好的印象，以求得到别人的重视。就算他们对某件事的发展完全起不到任何作用，也希望给人造成一种自己在其间影响力巨大的假象。结果到最后，不仅别人不了解他们，连他们自己都不了解自己了。他们被过度膨胀的虚荣心左右了一切行动，完全不明白自己真正想要的到底是什么。

在这个物欲横流的社会之中，人们的贪欲不断增长。在这种大环境下，不少年轻人的进取心遭到扭曲，为了完成不切实际的高目标，他们不惜以健康为代价，拼命工作，导致未老先衰、活力尽失。他们不是没有过心有余而力不足的感觉，不是没动过半途而废的念头，但是膨胀的虚荣心立即狠狠地将这些念头打压下去，提醒他们：“千万别放弃！千万别落在别人后头！要不然他们一定会嘲笑你的！”这样的提醒，让他们再也无法停止这种高速运转的状态，只能拼尽全力，一直奋斗在升职加薪的路上。他们体内紧绷着一根弦，终有一日，这根弦会受不住压力，断裂开来，他们随即将付出沉重的代价。然而，他们总觉得若不这样做，就会被人轻视，那才是他们最承受不起的。因而不管怎样，他们都会坚持到底，哪怕要因此牺牲自己的健康或是其他宝贵的东西。

放眼现代社会，多少人在虚荣心的控制下，大肆举债，最终走上了犯罪甚至死亡的不归路。多少年轻人在物欲膨胀的城市中，为了满足自己荒谬透顶的虚荣心，最终彻底迷失了人生的方向。债务会使人尊严尽失，地位与奴隶无异。债务是天底下最能破坏人们平和心境的东西，无数人因为负债累累而生活凄凉，家无宁日。事实上，生活幸福与否与物质并无多大关联。在自己的能力范围内让自己生活得更好，便可以给予家人最大的幸福与快乐。

是否拥有远大的理想和抱负与人们的成败关系紧密。然而，那些完全没有实现的可能、彻底与现实脱节的所谓的“理想”却是要不得的。因为这其中存有太多扭曲的欲望，对人们的发展有害无益，所以一定要将其自脑海中彻底摒除。

在现代社会中，有无数年轻人陷入了一种可悲的境地，他们唯一的人生目标就是赚更多的钱。金钱已经成了他们人生的主宰，他们无论做什么都以赚钱为中心。在他们看来，这世上再没有什么事情比赚钱更重要了。这些人的脑袋被赚钱的念头充斥得满满当当，再无精力去理会其他，更遑论培养美好的品格与广阔的胸怀。

将赚钱视为唯一目标的人，自然而然会在这方面倾注一切精力。因而，人们要对生活持有健康正确的态度，就必须先确立正确的人生目标。人们的才能发挥取决于人生目标的制定，一个将赚钱看得高于一切的人，怎么可能会拥有高尚的品格和优秀的才能？人们会因为过分看重金钱而变得见利忘义，连基本的良知都失去了。可想而知，这将会对他们的感情生活造成多大的破坏。当亲情、爱情与友情全都离自己而去时，一个人如何还能称之为人？

无数年轻人就是因为这个原因走向了失败。起初，他们对生活满腔热忱，对未来充满希望，后来却因为过分追求金钱利益，逐渐变得极度自私自利。在这个过程中，最初的热情与才能持续退化，最终沦为世间最平庸的一分子。这样的过程最开始很难被人发觉，等到变化逐渐扩张，暴露在眼前时，想挽回却已来不及了。贪欲就像恶魔一样，只要被它纠缠上，便很难再脱身，只能无奈地听命于它。

每个人都会问自己这样的问题：“在我的生命之中，最重要的是什么？我到底应该确立怎样的奋斗目标？”目标的确立至关重要，人世间最可悲的事莫过于苦心孤诣地为一个完全错误的目标奋斗了一辈子。毕生精力付诸东流，竟只为满足扭曲病态的欲念！当一个人的身心被过度膨胀的贪欲主宰时，所有良知与幸福都会离他而去，将他抛弃在一片孤独的黑暗中。

人人都可以过得幸福快乐，很多人之所以不快乐，原因就在于过分膨胀的贪欲。在他们眼中，幸福就是拥有足够多的钱，可以满足自己的一切物质需求。这些人不会了解，真正幸福的生活源自平和的内心，而非充足的物质享受。幸福感与满足感从来不属于那些被过分膨胀的贪欲控制的人们。

贪欲会扼杀人们的幸福。我从未听闻哪个贪欲膨胀的人事业有成、生活幸福。人们会因为自身不切实际的目标和好高骛远的志向而变得越来越唯利是图，陷入深深的痛苦折磨之中难以脱身。

罗伯特说：“不可避免，我们每个人都有欲望，低级的享乐欲望，高级的精神欲望。”要想成就一番事业，就必须要学会控制低级欲望，追求高级欲望。

人们要找到正确的生活方式与生活态度，就应该摒除贪欲，树立正确健康的理想，并持之以恒地为之奋斗。有了健康的生活态度，积极向上的进取心便会不断生长，指引我们的行动，最终将我们引向成功的最高峰。在这个过程中，我们的心灵会拥有前所未有的满足与快乐。反之，若是从一开始就犯了错误，树立了完全不可行的理想与目标，那么无论怎样努力，最终都只能得到失败的结局。在这个过程中，也不会收获任何幸福。

一味追名逐利的人，已经将自己的身心完全交付于贪欲掌控。终其一生，他们体内的潜能都不可能得到有效的发挥，这会严重阻碍他们的职业发展，最终将他们的发展之路彻底堵死。成功者绝不会轻易放弃自己的人格、自尊与幸福，不管是为了金钱还是名誉。因而，任何想要成功的年轻人都要谨记：千万不要怀着完全错误的人生目标踏上奋斗的征程。

不要轻易发脾气，谁都不欠你的

著名传教士李文斯顿的母亲，是一位极其高贵优雅的基督教徒，赢得了人们的广泛尊敬。著名诗人拜伦的母亲则正好相反，她生命中的每一天都在极度暴躁的情绪中度过，根本无法自控。

自制力是很重要的，人类最难做到的是控制和约束自己。世上没有天生的好脾气，必须要有充分的自制力才能做到这一点。世上也没有天生的坏脾气，但一个人若在成年之后依然没有学会控制自己的坏脾气,那就大大不妙了。是否拥有好脾气，与人们生活质量的优劣息息相关，不可小觑。研究表明,人类的生活质量会受到以下因素的影响:自然环境恶化，工作过度劳碌，饮食营养不良，居住环境较差，生活习惯懒散等。可是，脾气暴躁的危害力甚至要超过上述因素全部加在一起。所以，坏脾气的人寿命一般都不会长，而许多好脾气的人，即使一生坎坷波折，也能获得很长的寿命。

福莱彻的脾气极其恶劣，他的管家因为难以忍受而要求辞职。福莱彻说："我是经常发脾气，但是我每次发脾气都会很快结束啊！”“可是结束没几分钟，就又找到第二次发脾气的理由了！”管家这样答道，最终还是辞职离开了。

很多人过着朝九晚五的平淡生活，对于这个世界来说，他们似乎是可有可无之人。他们之所以会如此缺乏存在感，是因为周围的人都因为他们粗暴的脾气而对他们日渐疏远。他们性格极差，总会为一点小事大发雷霆，令周围的人窘迫、难堪甚至大伤自尊。这样的人当然只能落得形单影只的下场，被周围的人所抛弃。

脾气暴躁的人，人们刚开始还可能会因为他出身名门、受过高等教育而忍耐他，围绕在他周围。但相处久了人们就会因为他的坏脾气而日渐疏远他。最后他甚至会因此丢掉了工作，变得无家可归。其实他的才华很出众，并且很富有活力，就是因为脾气差而得不到录用。他已经不再年轻了，还有全家老少要养活，只能沦落到依靠借债维持生计的地步。这真是一件很可悲的事情。

有一个二十年如一日严格要求自己的人，他在家里是任劳任怨的“模范丈夫”，在单位是工作勤奋、负责的优秀员工。有一回他突然一反常态地大发雷霆，甚至毫无理智可言，这让周围的人看得目瞪口呆。人们从此开始疏远他，与他相处时总是小心翼翼的。

有些人把他人诚挚的建议当作挑衅，任何批评、反对的话语都会令他们勃然大怒。很少有人能平静地接受别人不留情面的批评、指责，尽管我们都明白忠言逆耳的道理。那些才德皆不具备的领导，往往对待下属傲慢、态度差、随意呼喝，在他们眼里，所有人都比自己低下。下属们因此没办法专心工作，终日战战兢兢。有一些下属也不是可以随意招惹的，他们脾气暴躁，你在批评他们时一定要注意自己的措辞。如果因为措辞不当而激怒了他们就麻烦了，往往你自己也会因此情绪失控，事情将糟糕到收不了场。有涵养的人绝不会失态或做出不合身份之事。那些总爱发脾气的人只是表面上看起来很强悍，其实内心脆弱得不堪一击。

脾气暴躁的女孩内心都很敏感、紧张、焦虑，她们的上司都对她们束手无策。这种女孩会埋怨上天的不公平，她们总在矛盾中挣扎，觉得自己是为了养家糊口才迫不得已去工作的。那些在乐观开朗之人看来毫不起眼的小事，她们却往往要计较半天，感到愤愤不平，哪怕仅仅为了他人随口说的一句话。

我们很难迅速改掉已经养成习惯的坏毛病，而要改掉自己暴躁易怒的脾性就更难了。但我们只要能够冷静分析导致这种脾性的原因，然后具体情况具体对待的话，想要改掉也不是不可能的事。比如有些人难以接受别人提的意见，认为这样做伤了自己的面子，因而发怒，这种怒火就是因为嫉妒心太强而导致的。还有的人听不进任何反对意见，认为这是在挑战他们的权威，所以只要有人不对他唯命是从他就会发怒，这种怒火就是因为控制欲太强。通过上述例子我们不难发现，脾气暴躁之人都是遇事只顾自己而不考虑他人感受的人，他们往往刚愎自用、不可一世、自私自利。

要想在成功的机遇到来时，不错失任何良机，就要努力调整好自己的心态，不给恶劣的情绪以可乘之机。在你心情欠佳、烦躁易怒的时候，切忌对别人大发雷霆，否则，必会引起别人对你的反感。要是你的思维已经变成一团乱麻，根本没法很好地控制自己继续做好手头的工作，那你索性马上停止工作，放下一切，走出门去放松一下。你可以在大街上散散步，如果可以的话，一直走到僻静的乡下。当你走得浑身的力气都像被抽光了时，所有的烦恼也会随之排出体外。脱离了工作环境以后，再认真梳理一下那些叫你不胜烦恼的工作，结果往往会发现这项工作原来也没有那么困难，先前那样烦躁不堪完全没有必要。要让自己的心终日被幸福快乐填充，坚决不给忧伤烦恼入侵的机会。做到了这一点，你将永远保持充足的自信，那些无关紧要的小事永远都无法阻挠你的成功之路。

别为了打翻的牛奶哭泣

有一句质朴，但却包含世间一切真理的谚语：“别为了打翻的牛奶哭泣。”总是陷在回忆中悔恨不已，是无法帮你取得成功的，任何事情都是如此。而且，这样做还会阻碍你事业的发展，因为懊恼于过往只会使你更加疲弱无力。我们都应认清这一事实，走出悔恨的阴影，从往日的过错中吸取教训，争取在以后做得更加出色。

“如果我当初能那么做的话，现在已经取得成功了。”很多人都会这样为曾经所做的错误决定而悔不当初。他们往往就在这种对过往的忧虑中错失了更大的机遇，只是他们自己还没有意识到罢了。

有位哲学家曾说：“任何事物都不可能长久地保持不变，包括错误在内。所以，对于已经发生了的事，就让它过去吧。”

很多我们现在看起来很烦恼的事，其实过一阵子就会觉得没什么大不了的了。我就认识一个总以此安慰自己的人，他在错过火车或遇到其他烦恼时会说：“这不算什么，多年以后，谁还记得曾经的烦恼呢？”既然我们迟早会忘记，那么不如现在就把它忘掉。

我们要想在遇到烦恼时仍保持愉快、轻松的心情，仍能不受影响地大步向成功迈进，就必须拥有这样的好心态：一切烦恼都只是暂时的，我现在遇到的也是一样。

生活中的我们总是被过往的痛苦与烦恼折磨着，始终痛苦不堪，我们总想设法补救曾经的过失，找回那些已经失去的东西。这样做并不是明智之举，真正明智之人会立足现在、着眼未来，不放过每一次成功的机遇，而不是对过往的烦恼念念不忘。

你可能觉得现在再重新来过为时已晚，但只要看看古往今来所有伟人的成功史，你就不会再这样想了。这些伟大的人物也曾犯错，也曾感到悔恨、失望，他们的成功之路也坎坷而布满荆棘。但他们从不曾向命运屈服，最终走出阴影，迈向光明。

往日的阴影会毁掉你已经拥有的东西，对你现在的生活来说没有任何意义可言。要想使生活愉快而又充实，我们就必须忘掉那些不愉快的事，忘掉那些错误的举动曾带给我们的痛苦。对于那些不能给予我们力量及美好情感的事物，我们应掌握将它驱逐的学问，这种学问是十分深奥的。

过往的错误、屈辱及伤痛已经带给你无休止的折磨。它加深了你额头的皱纹，压弯了你的肩膀，增添了你头上的白发，剥夺了你欢笑及快乐的权利。它使你终日不苟言笑，过早地衰老，脚步也开始踉跄。它已经带走了你太多的东西，那么你为何还不彻底从中解脱出来呢？难道还要任它在未来带走你更多的东西吗？果断地和伤心的过往挥手告别吧！

为了我们的美好未来，我们应将那些无聊之事彻底抛开。我们要将它从我们心中连根拔除，不再刻意去回忆、去感伤，不给它任何在我们心中萌芽的机会。

总是陷在对往日过错的回忆中，会使我们更加痛苦。活在悔恨中对我们毫无益处，只会给我们造成更多伤害。对于那些屈辱、痛苦至极的往事，我们为何要反复用回忆来让自己再痛一次呢？

我们会在不经意间找到一些旧物，当我们打开它时，就像开启了潘多拉魔盒，瞬间唤醒埋藏在心底的浓浓的悲伤之情。

有一位女士，她到了中年还保留着初恋男友送她的礼物，统统收藏在一个精致的小箱子中，每次拿出来看都会忍不住哭上几个小时。但是，那个人当初不仅丝毫不懂珍惜她，还对她百般羞辱、粗暴异常。

很多事物因为包含着一段痛苦的回忆，而使我们每每见到都伤心不已。因为这个原因，许多原本讨人喜欢的纪念品，却能撕开我们心底快要愈合的伤口。痛苦的回忆虽然无法抹去，但我们至少可以消除那些会唤起这种回忆的事物，避免触景生情。

现实中有很多人渴望重复过去痛苦与挫折的经历，这真是一种病态的想法，这些人永远也无法彻底忘记那些痛苦的回忆。

还有些人需要漫长的时间来忘记曾经的伤痛，因为他们不知道该怎么忘记。这正是导致人类进步缓慢、丢掉了快乐的原因。在这个漫长的遗忘的过程中，他们始终背负着痛苦的回忆，只能艰难而又疲惫地前行。

我们这时要面临的一大问题是，如何抛开那些毫无意义的想法以及那些令人厌倦的事物？其实我们不妨将它看作一种考验及教导，从中吸取经验教训，以便能更好地向前迈进。我们要想从生活中彻底根除这些悲观思想，就必须先拥有正确的心态。

很多人都对自己的过错耿耿于怀，不停地责怪、抱怨、惩罚自己，即使没有过错也这样对自己，这是一种很不好的习惯。对自己太过计较，这使得他们的烦恼随着所取得的成就而递增。他们的这种想法其实很糟糕，完全没必要这样看待自己。凡事已尽全力就无须后悔、懊恼，不管结果如何都应高兴才对。

我们要想取得成功，就不应将自己在生活中失去的事物总挂在嘴边。这样不仅会使我们始终感到痛苦及失望，还会使我们失去很多已有的东西。

很多人写信向我倾诉他们生活中的烦恼、经受过的苦难、未达成目标的遗憾、渴望回到过去的愿望。这些人都有一个非常荒谬的想法,认为只要回到过去就能取得成功。他们即使有机会再来一次,也不能保证不再犯同样的错误,必须先将自己的心态调整好才行。

我近日在一位商界领袖的家中看到一句箴言:“没什么大不了的,让它就这样过去吧。”我认为每一位有志之士都应将这句话记在心中,因为它实在是太正确了。对于已成定局的事情,我们要勇敢接受它,呼天抢地也没用,我们应坚信,它其实没什么大不了的。让它过去吧,它的破坏力其实没那么大,我们只是自己吓自己而已。即使我们为它焦虑不安,也没法使我们的生活变得更好,只会严重损害我们的身心健康。

我们应想办法避免被生活中不愉快的事情继续伤害,遇到这种事应迅速解决并将它忘掉,不能让它影响到我们幸福、愉快的生活。这种不愉快就好比鞋子里的一颗大头钉,其实我们可以很容易将它取出来。而如果不及时将它取出,这颗大头钉将始终折磨着我们,就好比不愉快之事所带给我们的持续的焦虑不安。

对于大部分人来说,花费整夜时间来反省自身的过失是不明智的行为,只会浪费掉自己的宝贵精力及时间,既不能挽回损失，也不能减轻痛苦。而且，我们会因为始终处于焦虑状态而无法取得工作上的更好成绩，美好的未来更加遥不可及。而我们原本可以利用这些精力及时间去做到很多事情的。当然，有种特殊情况除外，那就是你的确可以通过这种方式减轻自身所受的伤害。

我们如果总是活在对过去的悔恨及对未来的担忧中，不仅对自己毫无益处，还会使我们的思维变得迟缓，内心无法平静，精神上的和谐也会被打破。其实我们无须如此担惊受怕，只要始终保持内心的安宁平和即可。我们要想取得成功，就必须具备生活愉快及工作效率高这两大优秀品质。要养成这些优秀品质，具备敏捷的头脑、平和的内心以及和谐的精神是很重要的。我们的成功不能建立在破坏精神和谐的基础上，这是得不偿失的。明智的商人，会将商场上存在的大量糟粕像垃圾一样远远抛开。生意上的垃圾及地上的垃圾可以打扫干净，但精神上的垃圾所带来的破坏可能是毁灭性的，后者对于我们的危害要远大于前者。

那些没有走出旧日阴影，仍沉浸在遗憾与忧伤中的人，已经在他们的言谈举止中表现出来了。我们应该遗忘那些伤心的往事，永不再想起，这才是一个明智之人该有的做法。我们若想弥补旧日的缺憾，就应把握今日的每一分每一秒，积累起我们所有的力量。只有这样做，我们才能创造更加辉煌的明日。

吉卜林曾经说过："即使你一生心血都付之一炬，也请你放低姿态从头再来。"我们应该信心满满地面对生活，不管生活将我们置于何等境况。百折不挠的勇气及对未来的自信，可以带领我们走上通往成功的道路。它们是失败和挫折也无法毁灭的，是每个人身体内都存在的东西。然而，它们的能量往往不能为人所用。很多人都是在被逼入绝境时才找到了它们，并且也只有这时它们的能量才能完全释放。如果我们能始终怀有永不言弃、永不服输的决心，勇敢地跨过失败与挫折，我们的未来必定会是光明而又美好的。成功人士身上都拥有注定会成功的潜质，那就是充满自信的生活态度。他们不为昨天羞愧，只为明天骄傲。